어린이 동식물 이름 비교 도감

글·사진 한영식 | 그림 류은형

진선아이

머리말

"넌 이름이 뭐니?" 누구나 친구를 처음 만나면 가장 먼저 이름을 물어봐요. 서로 이름을 주고받아야 진정한 친구가 될 수 있으니까요. 우리와 함께 살아가는 동식물도 마찬가지예요. 우리 주변에는 자주 만나는 동식물이 많지만 우리는 '안녕!' 하고 인사만 할 뿐 그냥 지나쳐요. 발견한 동식물의 이름을 잘 모르니까요. 그럴 땐 동식물 도감을 펼쳐서 이름을 찾아봐요. 그리고 다음번에는 하나하나의 이름을 불러 주세요.

그런데 동식물 중에는 이름이 서로 비슷한 경우가 매우 많아요. 전혀 다른 종류의 동식물인데도 공통된 이름이 붙어 있지요. 괭이갈매기, 괭이상어, 괭이눈은 종류는 전혀 다르지만 이름에 모두 '괭이'가 들어가요. '괭이'는 바로 '고양이(괭이)'라는 대표 동물과 연관된 이름이에요. 즉, 고양이와 생김새가 닮았거나 특징이 닮아서 영향을 주었다는 걸 알 수 있지요.

《어린이 동식물 이름 비교 도감》은 대표 동식물과 비슷한 이름이 붙여진 여러 동식물을 소개하고 있어요. 그리고 어떤 닮은 점이 있어서 비슷한 이름을 갖게 되었는지 생태적 특징을 알려 주지요. 이름이 비슷한 다채로운 동식물을 만나다 보면 자연스럽게 생물을 통합적으로 이해할 수 있게 돼요. 내가 만난 동식물의 이름에 담긴 뜻을 상상해 보세요. 그리고 동식물의 이름을 친근하게 불러 주고, 관심 있는 눈빛으로 바라봐 주는 것만으로도 여러분은 소중한 동식물의 멋진 친구가 될 거예요.

2018년 봄 한영식

차례

동물

곤충 ※절지동물 포함

식물

호랑이

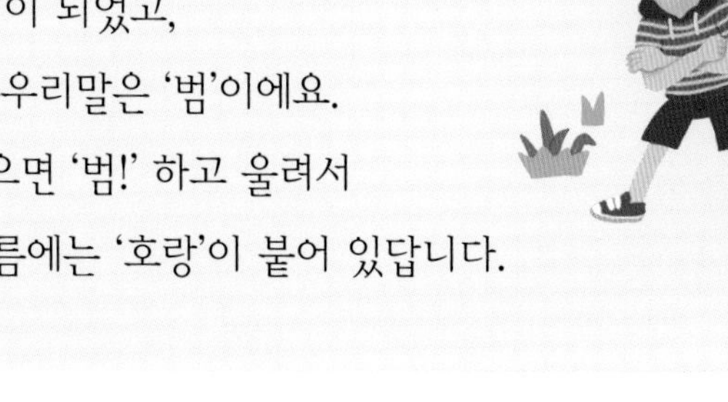

비슷한 이름 호랑지빠귀 | 호랑나비 | 벌호랑하늘소 | 호랑꽃무지 | 긴호랑거미

숲을 호령하는 맹수 호랑이는 드넓은 숲을 뛰어다니며 사는 동물이에요. 호랑이는 몽골어로 '할빌'이라 불러요. '할'이 바뀌어 '홀'이 되었고, '홀'과 '앙이'가 합쳐져 호랑이가 된 거예요. 호랑이의 순우리말은 '범'이에요. 숲에서 울려 퍼지는 '어흥!' 하는 울음소리가 멀리서 들으면 '범!' 하고 울려서 들렸거든요. 호랑이의 줄무늬와 닮은 다양한 생물의 이름에는 '호랑'이 붙어 있답니다.

호랑지빠귀

머리부터 꼬리 끝까지 몸 전체가 얼룩덜룩한 호랑 무늬로 덮여 있어요.

긴호랑거미

거미줄에 거꾸로 붙어 있으며 노란색 바탕에 검은색 줄무늬가 호랑이의 무늬와 비슷해요.

호랑이

호랑꽃무지

'꽃'과 '묻이'가 합쳐진 꽃 속에 사는 꽃무지 중 북슬북슬한 털과 딱지날개의 무늬가 호랑이를 닮았어요.

호랑나비

날개 전체에 있는 굵은 검은색 줄무늬가 호랑이의 줄무늬를 닮은 나비로 '범나비'라고도 불려요.

벌호랑하늘소

빗금으로 그어진 선이 호랑이의 줄무늬를 닮았으며 언뜻 보면 벌과도 닮았어요.

곰

비슷한 이름 **유럽불곰 | 곰개미 | 북극곰 | 곰취 | 곰벌레**

'곰'은
크거나 검다는 의미를
가지고 있어요.

뚱뚱한 맹수 곰은 덩치가 매우 큰 동물이에요. 그래서 백제 시대의 큰 나루터를 '곰나루'라 불렀어요. 이처럼 곰은 '크다'는 의미로 자주 쓰였지요. 또 곰은 '개미'나 '거미'처럼 '색깔이 검다'라는 뜻도 가지고 있어요. 곰은 '거머(검다)' + '다라(땅이나 산)'를 한자어로 옮긴 말로 '산에 사는 검은 색깔의 동물'이라는 뜻이에요. '거머'는 '고마'를 거쳐 지금의 '곰'이 되었답니다.

곰벌레

느릿느릿하게 걷는 모습이 곰과 닮았고, 물에 살아서 '물곰'이라고 불리는 완보동물이에요.

유럽불곰

유럽 지역에 사는 맹수로 하천이 흐르는 삼림 지대에서 초식 동물, 물고기, 곤충 등을 잡아먹어요.

곰(반달가슴곰)

곰취

'곰이 좋아하는 나물'이라는 뜻으로 '웅소(熊蔬, 곰나물)'라고 불려요.

곰개미

'검다'라는 의미로 이름이 지어진 '개미' 중에서 몸 빛깔이 전체적으로 검은색이어서 '곰개미'예요.

북극곰

눈보라가 몰아치고 매우 추운 북극에 사는 곰이에요.

소

비슷한 이름 하늘소 | 왕소똥구리 | 소뿔가지나방 | 소등에 | 쇠뜨기

'음메~' 하고 우는 소는 믿음직스럽고 듬직한 동물이에요. 황소는 밭을 갈아 주고, 육우는 고기를 주며, 젖소는 우유를 주는 고마운 동물이니까요. 한자어 '牛(우)'는 뿔이 달린 소의 머리 모양을 본뜬 상형문자예요. 그래서 소를 떠올리면 뿔 달린 모습이 그려져요. 소를 닮았거나 소와 관련 있는 생물의 이름에는 '소'가 들어 있어요. 생물의 이름에 '소'가 많이 들어 있는 이유는 소가 매우 귀중한 동물이었기 때문이에요.

사나운 '오록스'를
길들여 성격이 온순한
황소가 되었어요.

하늘소
생김새가 소와 닮았으며 날개가 있어서 하늘을 날아다닌다고 해서 '천우(天牛, 하늘소)'라 불렸어요.

쇠뜨기
소가 잘 뜯어 먹는 풀이라서 '쇠뜨기'예요. 줄기가 솔잎처럼 생겼고 마디마디가 잘 끊어지는 식물이에요.

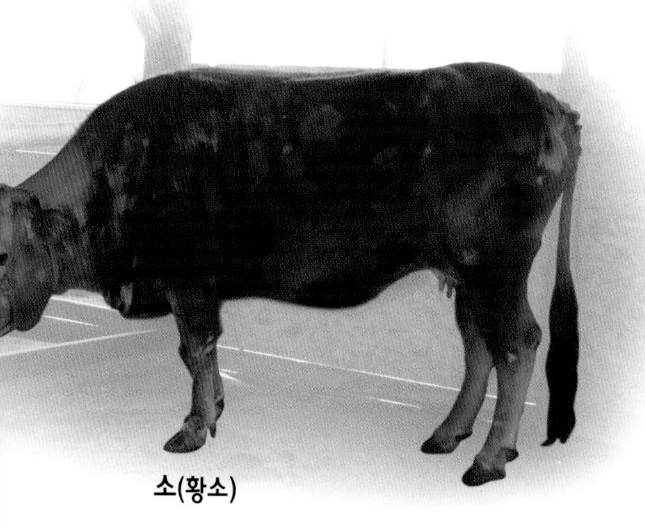

소(황소)

소등에
소의 피를 빨아 먹어서 소가 꼬리로 치게 만드는 파리예요. 옛날에는 '쇠파리' 또는 '말파리'라 불렸어요.

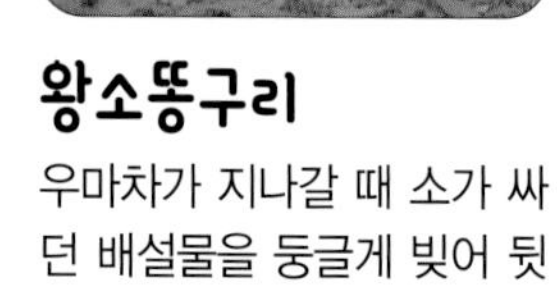

왕소똥구리
우마차가 지나갈 때 소가 싸던 배설물을 둥글게 빚어 뒷다리로 굴리는 곤충이에요.

소뿔가지나방
뾰족뾰족한 날개 가장자리가 소뿔처럼 보이고, 나뭇가지에 붙은 애벌레가 마치 나뭇가지 같아요.

말

비슷한 이름 경주마 | 끝검은말매미충 | 말매미 | 장수말벌 | 말냉이

달리기 실력이 매우 뛰어난 말은 전 세계에서 널리 사육되는 유용한 가축이에요. 사냥할 때, 짐을 운반할 때, 편지를 전할 때, 승마나 경마를 할 때에도 이용되었어요. 말은 BC 3,000년경에 중앙아시아의 고원 지대에 살았던 아리아인들에 의해 사육되기 시작했어요. '말'은 '크다'라는 뜻으로 쓰이고 있어요. 같은 무리에 속하는 생물 중에서 특별히 크기가 큰 종류의 이름에는 '말'이 붙어 있답니다.

경주마(경마장말)

경마에 쓰일 목적으로 특별하게 생산되며 가장 빠르게 달릴 수 있는 말이에요.

말냉이

밭이나 들에서 자라는 여러 종류의 냉이 중에서 크기가 가장 커요.

말(얼룩말)

끝검은말매미충

톡톡 튀는 매미충 중에서 크기가 크고 날개 끝이 검은 곤충이에요.

장수말벌

몸이 크고 통통해서 '왕퉁이'라 불리는 말벌 중 가장 크고 힘이 세서 독침에 쏘이면 매우 위험해요.

말매미

우리나라에 살고 있는 매미 중에서 덩치가 매우 크고 소리도 가장 시끄러운 매미예요.

사슴

비슷한 이름 붉은사슴 | 사슴풍뎅이 | 왕사슴벌레 | 톱사슴벌레 | 넓적사슴벌레

부리부리하고 촉촉한 눈망울과 멋진 뿔을 가지고 있는 사슴이 폴짝폴짝 뛰어가요. 숲에 사는 사슴은 '사스다', '삿다'의 동사가 명사형이 되면서 '사슴'이 되었어요. 옛말 '삿다'는 국어사전에 없지만 비슷한 '솟다'는 있어요. 사슴이 폴짝폴짝 뛰는 모습과 뾰족하게 난 뿔을 보고 '삿다'라는 옛말이 '솟다'로 변한 걸로 추정하고 있어요. 그래서 사슴의 뿔 모양을 가지고 있는 생물의 이름에는 '사슴'이 붙어 있어요.

붉은사슴(엘크)
아시아, 유럽, 북아프리카 등의 삼림 지역에 살며 봄, 여름에는 털 빛깔이 붉은색을 띠는 사슴이에요.

넓적사슴벌레
싸움을 위해 발달된 큰 턱이 사슴뿔을 닮았어요. 애완 곤충으로 가장 많이 기르는 사슴벌레예요.

사슴(대륙사슴)

톱사슴벌레
톱니 모양처럼 오톨도톨하게 발달된 큰턱이 사슴뿔 모양을 닮았어요.

사슴풍뎅이
머리 양옆으로 길게 늘어난 수컷 사슴풍뎅이의 뿔이 사슴뿔 모양을 닮았어요.

왕사슴벌레
집게 모양의 큰턱이 사슴뿔을 닮았어요. 수명이 3년으로 우리나라 사슴벌레 중 가장 오래 살아요.

고양이

비슷한 이름 괭이갈매기 | 괭이눈 | 괭이밥 | 괭이상어

고양이는 옛날에는 다른 이름으로 불렸어요. 《고려사》라는 책에 보면 '고이'라 했고, 그 이후로는 '고이'를 줄여 '괴'라고 불렀지요. 새끼 고양이는 '괴'와 '앙이(작은 것을 뜻함)'를 합쳐 '괴앙이'라 부르다가 모든 고양이를 '괴앙이'라 부르게 되었어요. 그 후로는 괴앙이를 줄여 '괭이'라 불렀어요.
그래서 고양이와 닮은 생물의 이름에는 '괭이'가 들어 있는 경우가 많답니다.

고양이는 지붕에서 떨어져도 끄떡없어!

괭이갈매기
바다 위를 날며 '야옹야옹~' 우는 소리가 고양이 울음소리를 닮았어요.

괭이상어
머리부터 꼬리까지 이어진 어두운 갈색 가로 띠무늬가 고양이 줄무늬와 비슷해요.

고양이

집고양이는 식량에 피해를 주는 쥐를 잡기 위해 야생 동물인 '리비아살'을 길들인 거예요.

괭이눈
꽃 모양이 햇볕이 내리쬐는 마당에 엎드려 눈을 지그시 감은 채 졸고 있는 고양이 눈을 닮았어요.

괭이밥
길가나 빈터에 핀 괭이밥을 고양이가 잘 뜯어 먹어요.

토끼

비슷한 이름 **토끼풀 | 붉은토끼풀 | 크로바잎벌레 | 토끼박쥐**

눈보라 치는 추운 겨울에도 산속에 사는 토끼는 폴짝폴짝 뛰어다니며 먹이를 찾아요. 여우나 늑대와 같은 포식자가 나타나면 눈치 빠른 토끼는 커다란 귀를 쫑긋하고 재빨리 도망치지요. 순식간에 도망치는 토끼를 보고 "토끼다(톳기, 톡기)!"라고 불렀던 것이 지금의 '토끼'가 되었어요. 토끼의 모습을 닮았거나 토끼와 관련된 생물의 이름에는 '토끼'가 붙어 있답니다.

숲의 포식자가 오는 소리에 귀 기울이다 보니 귀가 길어졌어요.

토끼풀

토끼가 잘 먹는 키가 작은 풀로 '클로버'라고도 불려요. 4장의 잎이 달린 '네잎클로버'는 행운의 상징이에요.

토끼박쥐

토끼처럼 기다란 귀를 가지고 있어서 '긴귀박쥐'라고도 불려요.

토끼(집토끼)

붉은토끼풀

붉은 색깔의 꽃이 피는 토끼풀로 기는줄기가 발달한 토끼풀과 달리 땅속줄기로 뻗어서 자라요.

산토끼는 뒷다리가 길어서 산기슭을 잘 오르지만 내려올 땐 느려요.

크로바잎벌레

토끼풀, 붉은토끼풀뿐 아니라 호박, 쑥, 가지, 배추, 콩 등 다양한 식물을 갉아 먹고 살아요.

다람쥐

비슷한 이름 쥐 | 박쥐 | 쥐머리거품벌레 | 쥐며느리 | 쥐꼬리망초

도토리를 오물오물 씹어 먹다 재빨리 달려 나무로 올라가는 다람쥐는 '다람'과 '쥐'가 합쳐진 이름이에요. 생김새는 박쥐나 생쥐처럼 쥐를 닮았고 달음박질하는 모습이 매우 빨라요. '달리는 쥐'라는 뜻의 다람쥐는 날쌘 다람쥐를 잘 표현한 이름이에요. 다람쥐처럼 모습이 쥐와 닮은 생물의 이름에는 '쥐'가 들어가 있어요.

쥐(햄스터)
고양이, 강아지, 고슴도치처럼 집에서 취미로 기르는 인기가 높은 애완동물이에요.

쥐꼬리망초
매우 조그마한 꽃이 피는 풀꽃으로 열매가 쥐꼬리처럼 길어요.

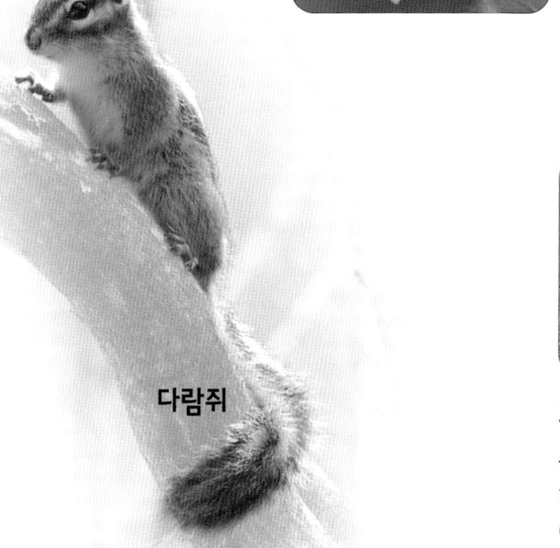

다람쥐

쥐며느리
습한 곳에 사는 쥐며느리는 항상 쥐의 등에 붙어 있어서 이름이 지어졌어요.

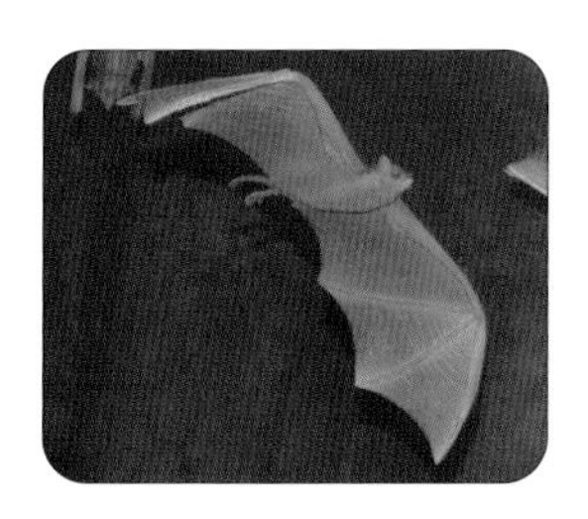

박쥐
생김새는 쥐를 닮았지만 날아다닐 수 있어요. '밝쥐(귀가 밝은 쥐, 밤눈이 밝은 쥐)'가 변해 이름이 되었어요.

쥐머리거품벌레
머리 부분이 쥐 머리를 닮은 곤충으로 잎사귀에 앉았다가 톡톡 점프하며 이동해요.

큰고니

비슷한 이름 큰기러기 | 큰밀잠자리 | 큰실베짱이 | 큰허리노린재 | 큰괭이밥

생물이나 사물의 길이, 높이, 부피 등이 보통 정도를 넘을 때 '크다'라는 말을 써요. 아름다운 호수에서 헤엄치고 있는 '큰고니'는 '고니'보다 몸집이 더 커서 이름이 지어졌어요. 큰고니는 천연기념물 제201호로 지정되어 있는 소중한 새이며, 하얀 새라는 의미로 '백조(白鳥)'라고 불렀어요. 큰고니처럼 같은 무리에 속하는 생물 중 몸집이 더욱 크면 이름에 '큰'이 붙는답니다.

큰기러기

기러기 중에서 크기가 가장 커요. 몸이 황갈색이며 10월에 우리나라를 찾아와서 겨울을 지내고 봄이 되면 떠나는 겨울철새예요.

큰괭이밥

깊은 산속에서 피는 풀로 괭이밥 종류 중 꽃의 크기가 가장 커요.

큰고니

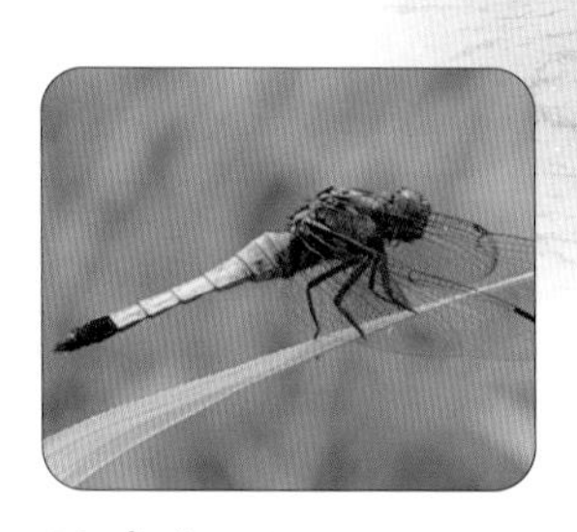

큰밀잠자리

우리 주변에서 볼 수 있는 '밀잠자리'와 생김새가 비슷해 보이지만 크기가 더 커요.

큰허리노린재

허리가 움푹 들어간 방귀쟁이 허리노린재 중에서 크기가 커서 이름 지어졌어요.

큰실베짱이

몸이 가느다랗게 생긴 실베짱이 중에서 크기가 매우 큰 편이에요.

흰뺨검둥오리

비슷한 이름 흰기러기 | 흰독나방 | 흰개미 | 흰줄숲모기 | 흰젖제비꽃

엉덩이를 실룩거리며 뒤뚱뒤뚱 걷는 오리는 꽥꽥 소리를 내며 울어요. 우리나라의 하천과 저수지에 자주 날아오는 대표적인 오리가 '흰뺨검둥오리'예요. 사계절 볼 수 있는 텃새로 뺨이 흰색이어서 이름이 지어졌지요. 흰뺨검둥오리처럼 몸 전체나 일부분에 흰색을 가지고 있는 생물들의 이름에는 '흰'이 들어가 있어요. '흰'이 들어간 생물을 찾아보고, 어느 부위에 흰색이 들어 있는지 살펴보세요.

흰기러기

몸이 전체적으로 흰색인 중형 기러기로 농경지, 호수, 습지, 바다 등에 살아요.

흰젖제비꽃

산과 들에서 자라며 줄기가 없고 뿌리는 흰색이에요. 4~5월에 흰색 꽃이 피어요.

흰뺨검둥오리

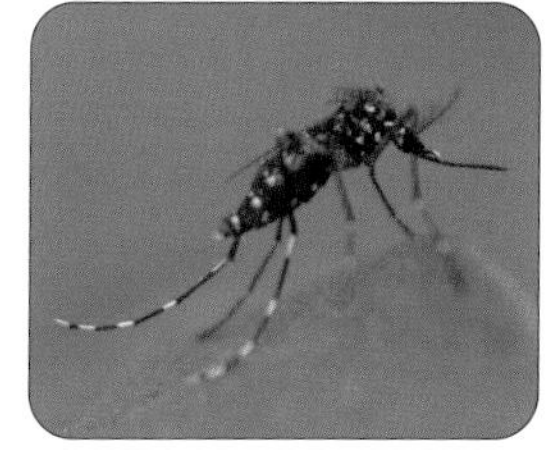

흰줄숲모기

숲에 사는 모기로 다리에 여러 개의 흰색 줄무늬가 있어요. 암컷 모기는 알을 낳기 위해 피를 빨아요.

흰독나방

온몸이 흰색의 털로 덮여 있는 나방이에요. 털에는 알레르기나 피부염을 일으키는 독이 들어 있어요.

흰개미

무리 지어 나무를 갉아 먹는 하얀 빛깔의 사회성 곤충이에요. 개미와 닮았지만 허리가 잘록하지 않아요.

제비

제비가 남쪽에서
날아올 때 피는
꽃은 무엇일까요?

비슷한 이름 제비나비 | 긴꼬리제비나비 | 제비꽃 | 잔털제비꽃 | 단풍제비꽃

파란 하늘을 날쌘 비행 솜씨로 휘저으며 날아다니는 제비는 여름철새예요.
'제비'는 제비의 울음소리 또는 날개를 접는 동작에서 이름이 유래되었어요.
제비가 '졉-졉' 우는 소리를 듣고 '져비'라 부르다가 '졉이'를 거쳐 '제비'가 되었지요.
또는 제비가 힘차게 날아오를 때 날개를 펄럭거린 후 접는 동작을 하는데,
'날개를 접다'는 뜻의 '뎝이'가 제비가 되었다고도 해요.

제비나비

커다란 날개로 힘차고 날쌔게 날아다니는 모습이 제비를 닮았어요.

단풍제비꽃

흰색 꽃이 피는 제비꽃으로 잎 모양이 단풍잎을 닮았어요.

제비

긴꼬리제비나비

제비를 닮은 제비나비 중에서 꼬리돌기가 매우 길게 발달해서 제비를 가장 많이 닮았어요.

잔털제비꽃

잔털이 전체에 나 있는 제비꽃이에요. 뿌리줄기가 옆으로 비스듬히 자라며 흰색 꽃이 피어요.

제비꽃

제비가 남쪽에서 날아올 시기에 피는 꽃이에요. 땅바닥에 붙어서 피기 때문에 '앉은뱅이꽃'이라고도 불려요.

멧비둘기

비슷한 이름 멧돼지 | 멧팔랑나비 | 멧누에나방 | 메뚜기

산에 사는 생물의 이름에는 '뫼(山)'에서 온 '멧' 또는 '메'가 붙어요.

'멧'과 '메'는 산에 사는 동물이나 곤충을 가리킬 때 가장 많이 쓰이는 말이에요.

'멧비둘기'는 우리가 흔히 보는 집비둘기나 양비둘기와는 달리 주로 들판이나 산에 살아요. 산에 사는 생물의 이름에 '산'을 붙이는 경우도 많아요.

'멧', '메', '산'이 붙은 생물은 모두 사는 곳이 '산'이라는 뜻이에요.

우리는 모두
동식물의 천국인
산에 살아요!

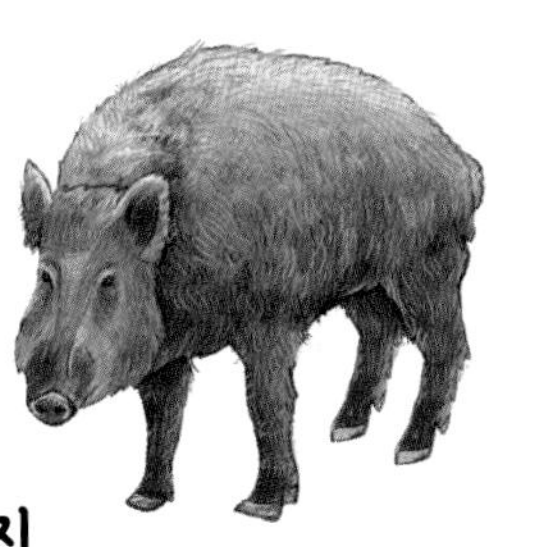

멧돼지

돼지는 '돝(돼지)'과 '아지(새끼)'가 합쳐진 '새끼 돼지'라는 뜻으로 산에 사는 돼지를 '멧돼지'라고 해요.

메뚜기

'메(山)'와 '뛰기'가 합쳐진 이름이에요. '산에서 뛰는 곤충'이라는 뜻으로 산과 들에서 살며 점프를 잘해요.

멧비둘기

멧팔랑나비

팔랑대며 산과 들을 정신없이 날아다니는 팔랑나비로 햇볕이 잘 드는 땅에 잘 내려앉아요.

멧누에나방

산에 사는 누에나방인 '멧누에나방'을 누에치기를 하는 나방으로 길들여 '누에나방'이 되었어요.

쇠딱따구리

비슷한 이름 쇠백로 | 쇠오리 | 쇠살모사 | 쇠별꽃 | 쇠고래

'딱딱딱딱딱' 나무를 거침없이 쪼는 소리 때문에 '딱따구리'라는 이름이 지어졌어요. 딱따구리는 단단한 부리로 나무에 구멍을 뚫고 그 안에 보금자리를 만들어 새끼를 낳아 기르는 동물이에요. '쇠'는 '작다'는 뜻으로, '쇠딱따구리'는 다양한 종류의 딱따구리 중에서 크기가 매우 작아요. 쇠딱따구리처럼 이름에 '쇠'가 붙은 생물들은 한결같이 모두 크기가 작답니다.

쇠백로
목이 기다란 백로 중에서 크기가 가장 작고 발가락이 노랗게 생긴 것이 특징이에요.

쇠고래
우리나라 바다에 사는 크기가 작은 고래로 '귀신고래', '회색고래'라고도 불려요.

쇠딱따구리

쇠별꽃
별 모양의 꽃이 피는 별꽃 중에서 크기가 가장 작은 꽃이에요.

쇠오리
크기가 가장 작은 오리로 습지에 찾아와 곡물, 물풀의 뿌리를 먹고 사는 겨울철새예요.

쇠살모사
매우 강한 독을 가지고 있어서 위험한 살모사 중에서 크기가 가장 작아요.

닭

비슷한 이름 암탉 | 꿩 | 닭의장풀 | 좀닭의장풀 | 자주달개비

새벽부터 '꼬끼오~' 하고 울어 대는 닭은 머리에 붉은 볏이 있고 잘 날지 못하는 새예요. 닭은 달걀과 고기를 얻기 위해 사육되는 동물로, 야생의 '멧닭'을 길들여 가축화했어요. 날이 밝은 것과 밤 시간을 알린다는 뜻으로 '촉야(燭夜)', 닭 머리에 관을 얹은 것 같은 볏이 있다 해서 '대관랑(戴冠郎)'이라고 불렸어요. 닭과 관련이 있는 생물의 이름에는 '닭'이 들어 있어요.

닭의 볏을 닮은 꽃을 닭장 주변에서 찾아봐!

암탉

닭의 암컷을 말하며 머리에 톱니 모양의 작은 볏이 있어요. 알과 고기를 얻기 위해 가두어서 길러요.

자주달개비

들, 정원, 화단에 심는 북아메리카가 원산지인 풀로 닭의장풀보다 꽃색이 짙고 키가 더 커요.

닭

좀닭의장풀

길가나 울타리 밑에 자라며 닭의장풀과 비슷하지만 잎이 작고 뒷면에 털이 있는 점이 달라요.

꿩(야계)

들판에 사는 닭이라 해서 '야계(野鷄)'라 불리던 동물로 설화, 소설, 판소리, 연극에 자주 등장하는 친숙한 텃새예요.

닭의장풀

흔히 '달개비'라고 불리며 꽃 모양이 닭의 볏을 닮았어요. 배설물이 많은 닭장 주변에서 잘 자라는 풀이에요.

남생이

비슷한 이름 남생이무당벌레 | 꼬마남생이무당벌레 | 남생이잎벌레 | 큰남생이잎벌레 | 모시금자라남생이잎벌레

남생이는 강과 냇가, 저수지 등에 사는 등딱지가 단단한 우리나라 민물 거북이에요. 《훈민정음해례본》(1446년)에는 '남샹'이라 불렀고, 일본에서는 냄새를 풍기는 '취구(臭龜)'라 불렀지요. 남생이는 천연기념물 제453호, 멸종위기야생동식물 2급으로 지정된 귀한 동물이에요. 남생이의 등판을 닮은 생물의 이름에는 '남생이'가 들어가 있어요.

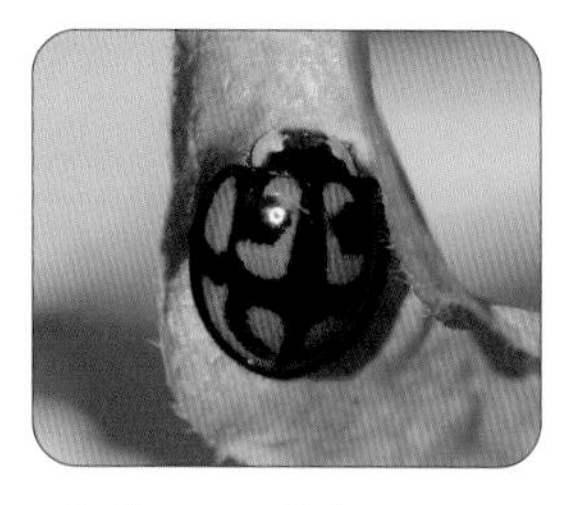

남생이무당벌레

남생이의 등판을 닮은 무당벌레로 우리나라 무당벌레 중 크기가 가장 커요.

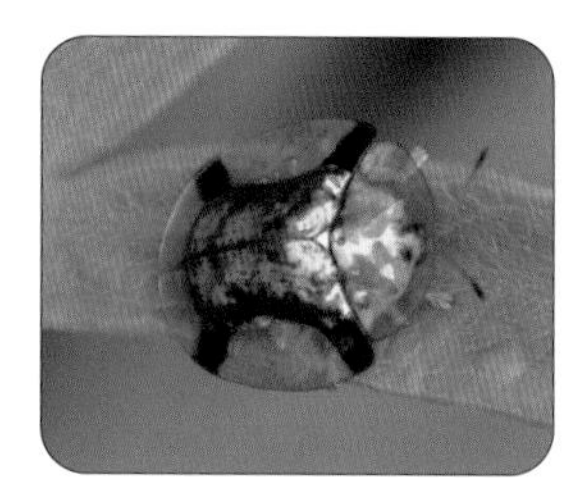

모시금자라남생이잎벌레

메꽃 등을 갉아 먹고 살며 황금빛깔의 딱지날개를 가지고 있어요. 등쪽 딱지날개의 생김새가 민물거북 남생이를 닮았어요.

남생이

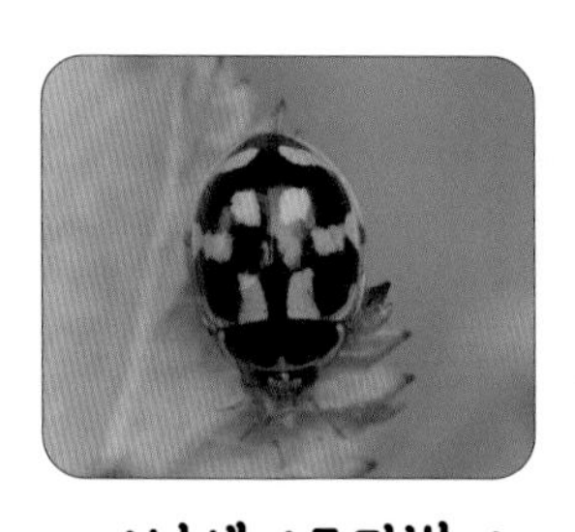

꼬마남생이무당벌레

등판이 남생이를 닮았지만 크기가 매우 작아서 '꼬마'라는 이름이 붙었어요.

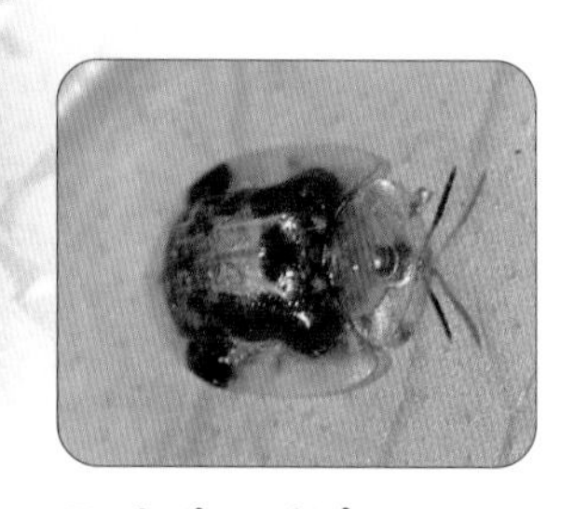

큰남생이잎벌레

작살나무 등의 잎을 갉아 먹고 사는 잎벌레로 생김새가 남생이와 가장 흡사하게 닮았어요.

남생이잎벌레

명아주, 흰명아주 등을 갉아 먹고 사는 잎벌레로 전체적인 생김새가 남생이를 닮았어요.

뱀

비슷한 이름 아무르장지뱀 | 뱀허물쌍살벌 | 대륙뱀잠자리 | 뱀딸기 | 뱀장어

'슉슉~' 혀를 날름대며 산길을 미끄러지듯 기어 다니는 길동물은 뱀이에요. 뱀을 뜻하는 한자 '蛇(뱀 사)'는 몸을 웅크리고 있는 모양의 한자 '虫(벌레 훼, 벌레 충)'과 날카로운 이빨을 감추고 있다는 뜻의 '它(뱀 사)'가 합쳐져서 만들어졌어요. 뱀은 다리가 없고 비늘이 있으며 몸이 기다랗고 독을 가지고 있어요. 뱀처럼 몸이 길거나 뱀 모양과 비슷하게 생긴 생물의 이름에는 '뱀'이 들어가 있답니다.

아무르장지뱀

4개의 다리를 가지고 있는 도마뱀으로 위험할 때 꼬리를 자르고 도망치는 습성이 있어요.

뱀장어

몸이 길어서 뱀처럼 생긴 물고기로 바닷물과 민물에서 모두 살아요.

뱀

뱀딸기

뱀딸기가 자라는 곳에 뱀이 자주 나타난다고 해서 이름이 지어졌어요.

뱀허물쌍살벌

나뭇가지에 뱀 허물 모양의 기다란 집을 짓고 살아가는 벌이에요.

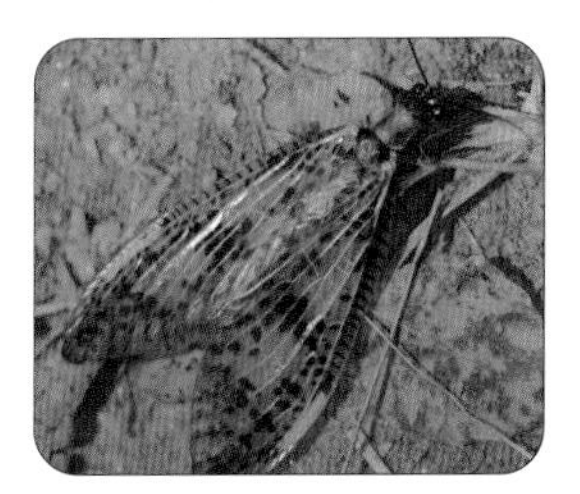

대륙뱀잠자리

둥근 머리와 기다란 앞가슴 모양이 뱀이 머리를 곧추세우고 있는 모습처럼 보여요.

두꺼비

두꺼비 등판이
내 여드름처럼
올록볼록해!

비슷한 이름 물두꺼비 | 두꺼비메뚜기 | 털두꺼비하늘소 | 두꺼비딱정벌레

'두껍아 두껍아~ 헌 집 줄게~ 새집 다오~'의 주인공 두꺼비는 옛날에는 '더터비', '두텁', '둗거비'라 불렀어요. 두꺼비는 우화, 민담, 민요 등에 등장하는 유명한 동물로 적을 만나면 흰색의 독액을 내뿜어요. 두꺼비는 등판에 불규칙한 돌기가 우툴두툴하게 나 있고 두꺼운 등짝을 가지고 있어서 이름이 지어졌어요. 두꺼비 등판처럼 올록볼록한 돌기가 나 있는 생물의 이름에는 '두꺼비'가 붙어 있어요.

물두꺼비

올록볼록한 등판이 두꺼비와 닮았지만 크기가 작고 납작한 두꺼비로 높은 산의 계곡에 살아요.

두꺼비딱정벌레

단단한 딱정벌레의 딱지날개가 두꺼비의 등판처럼 올록볼록하게 생겼어요.

두꺼비

두껍아 두껍아~
헌 집 줄게~
새집 다오~

두꺼비메뚜기

몸에 오톨도톨한 갈색 점무늬가 흩어져 있는 모습이 두꺼비 등판을 닮았어요.

털두꺼비하늘소

딱지날개가 두꺼비 등판처럼 올록볼록하게 생긴 하늘소예요.

개구리

비슷한 이름 청개구리 | 산개구리 | 개구리밥 | 물개구리밥

'개굴개굴 개구리 노래를 한다~'의 동요는 무리를 지어 개굴개굴 울어 대는 개구리의 울음소리를 흉내 내 지어졌어요. 개구리는 물과 육지를 오가며 생활하는 물뭍동물로 뒷다리가 잘 발달하여 점프를 매우 잘해요. 다 자라서 개구리가 되기 전의 어린 시절에는 '올챙이'라 불러요. 생김새가 개구리를 닮았거나 개구리와 관련이 있는 생물의 이름에는 '개구리'가 붙어 있답니다.

뜀틀 넘기는
개구리처럼 해야
최고!

청개구리

몸집이 작지만 울음소리가 매우 큰 개구리로 나무나 바위를 잘 오르기 때문에 '나무개구리'라고도 불려요.

물개구리밥

개구리가 많이 사는 논이나 연못의 물 위에 둥둥 떠서 자라는 부유 식물이에요.

개구리(참개구리)

올챙이가 자라면
개구리가 돼요.

산개구리

산에 사는 개구리로 개울가의 논이나 웅덩이에 알을 낳으며 개울가, 습지에서 겨울잠을 자요.

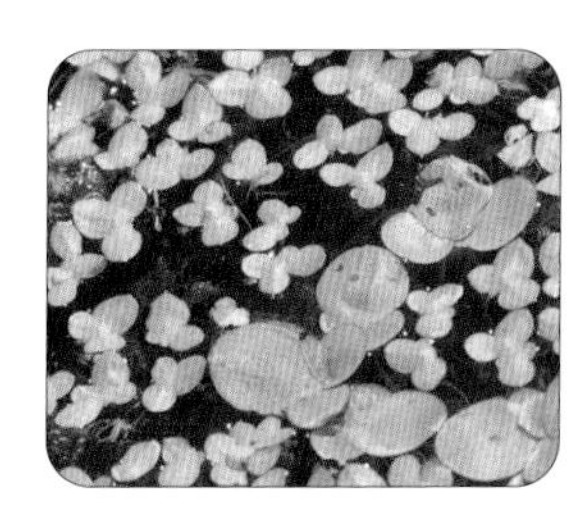

개구리밥

개구리가 물 위로 얼굴을 내밀었을 때 밥풀처럼 붙고 올챙이가 잘 먹는 풀이에요.

장수풍뎅이

'장수'는
힘이 세고 크기가 큰
생물 이름에 붙어요.

비슷한 이름 장수하늘소 | 장수허리노린재 | 장수각다귀 | 장수잠자리 | 장수거북

'장수'는 오랫동안 건강하게 사는 것과 힘이 센 장군을 뜻하는 말이에요. 장수풍뎅이는 평균 수명이 3~6개월 정도로 오래 살지 못하지만 힘은 매우 세요. 그래서 장수풍뎅이의 '장수'는 군사를 지휘하는 무예가 출중한 최고의 우두머리 장군을 의미해요. 장수풍뎅이처럼 힘이 무척 강하고 크기가 커다란 생물의 이름에는 '장수'가 붙어 있어요. 크기가 큰 곤충 이름에는 '장수' 외에도 '장군', '대장', '왕', '큰'이 붙는답니다.

장수하늘소
우리나라 하늘소 중 가장 힘이 세고 크며 천연기념물 제218호, 멸종위기야생동식물 1급 곤충이에요.

장수거북
전 세계에서 가장 큰 거북으로 갈고리 모양의 턱으로 해파리를 잡아먹어요.

장수풍뎅이

장수허리노린재
몸통의 허리 부분이 잘록하게 들어간 허리노린재 중 크기가 가장 큰 대형 노린재예요.

장수잠자리
우리나라에서 크기가 가장 큰 잠자리로 숲의 맑은 계곡에 살아요.

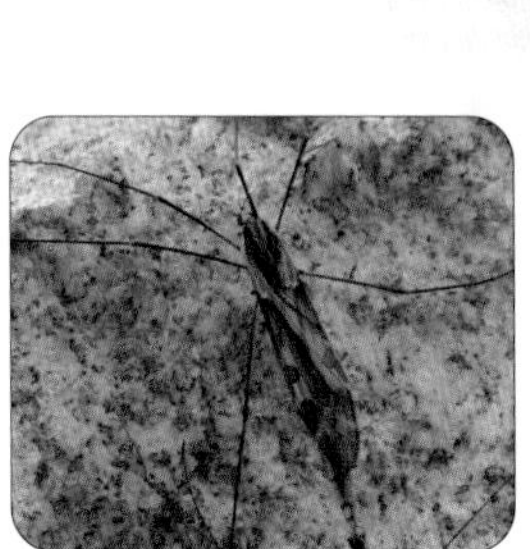

장수각다귀
몸은 갈색이고 날개에 검은색 줄무늬가 있어요. '왕모기'라 불리는 각다귀 중 크기가 가장 커요.

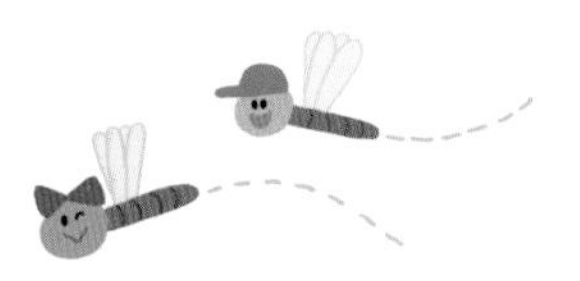

알락하늘소

알락하늘소는
단풍나무나 자작나무
등을 먹고 살아요.

비슷한 이름 알락굴벌레나방 | 알락수염노린재 | 알락꼽등이 | 알락방울벌레 | 알락넓적매미충

본바탕에 다른 빛깔의 점이나 줄 등이 조금 섞여 있는 모양을 '알락'이라고 해요. 알락하늘소는 몸에 흰색 점무늬가 선명하게 찍혀 있는 하늘소예요. 버즘나무, 단풍나무, 자작나무 등을 먹고 사는 곤충이어서 숲뿐만 아니라 도시에서도 쉽게 만날 수 있는 덩치 큰 하늘소예요. 알락하늘소처럼 몸에 다른 빛깔의 점이나 줄이 섞여 있는 곤충이나 동물의 이름에는 '알락'이 붙어 있답니다.

알락굴벌레나방

흰색의 날개에 검은색 점무늬가 흩어져 있는 나방으로 애벌레는 나무에 굴을 파고 살아요.

알락넓적매미충

검은색 몸에 9개의 노란색 점무늬가 있으며 풀잎에서 높이 잘 튀어 올라요.

알락하늘소

알락방울벌레

몸의 검은색 무늬가 얼룩덜룩해 보이는 풀벌레로 풀밭의 돌이나 낙엽 밑에서 작은 소리로 울어요.

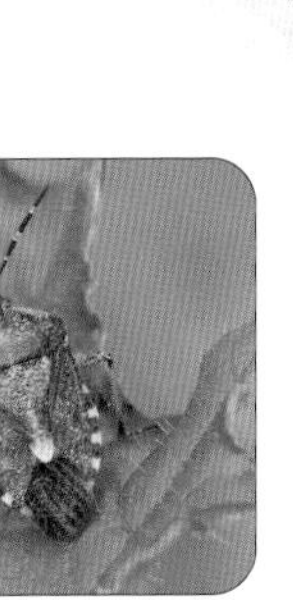

알락수염노린재

더듬이에 검은색과 황갈색의 띠무늬가 번갈아 나타나서 수염이 알록달록해 보여요.

알락꼽등이

몸에 얼룩덜룩한 점무늬가 많은 꼽등이에요. 꼽추처럼 등이 굽어 '꼽등이', 낙타를 닮아 '낙타귀뚜라미'라 불려요.

홍날개

우리 할머니는
빨간색 홍시를
가장 좋아해요.

비슷한 이름 홍단딱정벌레 | 홍비단노린재 | 홍다리파리매 | 홍테무당벌레 | 홍줄불나방

사람의 입술이나 피의 빛깔처럼 짙고 선명한 붉은색을 '홍색'이라 불러요. 홍날개는 봄이 되면 무당벌레처럼 붉은 날개를 펼치고 하늘을 날아다니는 곤충이에요. 곤충이나 동물의 몸이 전체적으로 붉은 빛깔을 띠거나 몸 일부분에 붉은 무늬가 들어 있는 경우에는 이름에 '홍(紅)'이 들어가요. 붉은색을 띠는 생물의 이름에는 '홍' 외에도 '등빨간', '붉은' 등도 붙는답니다.

홍단딱정벌레

비단처럼 아름다운 붉은 빛깔(홍단)을 가진 딱정벌레로 땅을 기어 다니며 작은 곤충을 사냥해요.

홍줄불나방

황색 날개에 붉은색 줄무늬가 있는 불나방으로 밤에 불빛에 매우 잘 날아와요.

홍날개

홍비단노린재

붉은색 또는 주황색 줄무늬가 화려한 노린재로 '각시비단노린재'라고도 불려요.

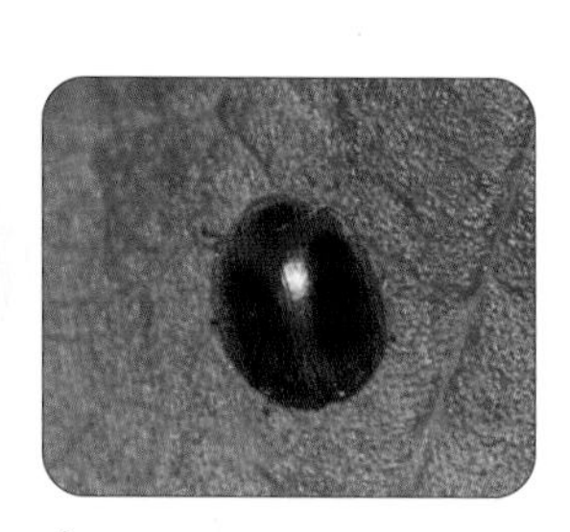

홍테무당벌레

검은색 몸에 붉은색의 테두리가 있는 무당벌레로 주로 깍지벌레를 잡아먹어요.

홍다리파리매

다른 곤충을 잽싸게 낚아채서 사냥하는 파리매로 다리가 붉은 빛깔이에요.

털보바구미

비슷한 이름 털보말벌 | 털보애꽃벌 | 털보잎벌레붙이 | 털매미 | 털두꺼비하늘소

수염이 많거나 몸에 털이 많은 사람을 '털보'라고 해요. 털보 아저씨처럼 동식물의 몸에 털이 많이 나 있으면 이름에 '털보'가 붙어요. 털보바구미는 딱지날개의 끝부분과 다리에 털이 매우 많은 바구미예요. 털은 피부 감각에 도움을 주기 때문에 대부분의 생물이 가지고 있지만 특별히 털이 많은 생물이 있어요. 이름에 '털보'나 '털'이 붙어 있는 생물을 찾아 어디에 털이 많은지 살펴보세요.

털보말벌
몸에 짧은 털이 북슬북슬하게 달린 말벌이에요. 주로 곤충을 사냥하지만 나뭇진을 먹기 위해 모여들기도 해요.

털두꺼비하늘소
두꺼비 등판처럼 생긴 올록볼록한 딱지날개 양쪽에 검은색의 털 뭉치가 나 있어요.

털보바구미

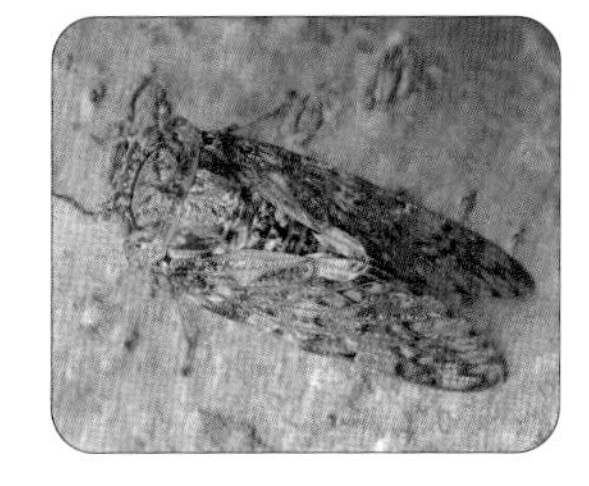

털매미
몸에 짧은 털이 많은 매미로 날개에 불규칙한 무늬가 있어서 나무에 앉으면 눈에 잘 띄지 않아요.

털보애꽃벌
꽃에 잘 모여드는 꽃벌로 배와 다리 등에 황백색 털이 많이 나 있어요.

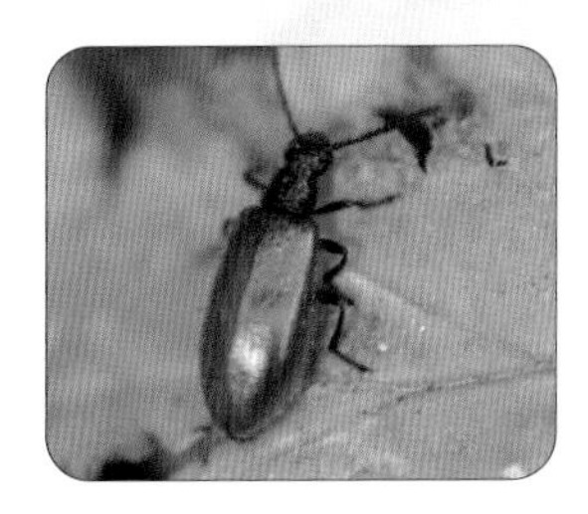

털보잎벌레붙이
검은색의 몸과 갈색의 딱지날개에 짧은 털이 많이 나 있어요.

작은멋쟁이나비

비슷한 이름 작은주홍부전나비 | 작은넓적하늘소 | 작은호랑하늘소 | 작은모래거저리 | 작은주걱참나무노린재

길이, 넓이, 부피 등이 비교 대상보다 덜한 경우에 '작다'고 해요. 전 세계에는 다양한 생물이 살고 있어서 생김새가 비슷비슷한 생물이 많아요. 생김새가 닮은 생물 중에서 크기가 작은 생물의 이름에는 '작은'이 붙어요. 화려한 날개를 가진 작은멋쟁이나비는 '큰멋쟁이나비'에 비해 크기가 작아서 이름 지어졌어요. 크기가 작아서 더 앙증맞고 귀여운 작은 생물을 찾아보세요.

작은주홍부전나비

주홍 빛깔의 예쁜 나비로 '큰주홍부전나비'보다 크기가 작아요.

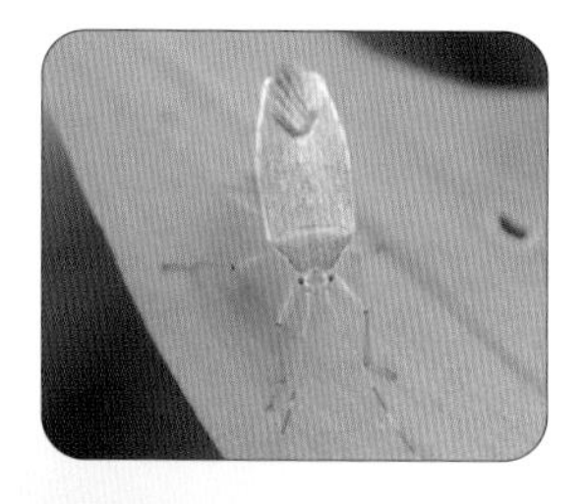

작은주걱참나무노린재

참나무의 즙을 빨며 사는 노린재로 크기가 작아서 이름 지어졌어요.

작은넓적하늘소

죽은 나무나 벌채목에 살며 '넓적하늘소'보다 크기가 작아요.

작은멋쟁이나비

작은모래거저리

올록볼록한 돌기가 딱지날개에 줄지어 있는 크기가 작은 거저리로 주로 땅에서 생활해요.

작은호랑하늘소

검은색 몸에 회백색의 줄무늬가 호랑이를 닮았어요. '호랑하늘소' 중에서 크기가 무척 작아요.

뿔나비

비슷한 이름 뿔나비나방 | 외뿔장수풍뎅이 | 등빨간뿔노린재 | 뿔들파리 | 뿔잠자리

소, 염소, 사슴처럼 동물의 머리에 뾰족하게 솟아 있는 부위를 '뿔'이라고 해요.
뿔은 동물들이 자신의 몸을 지키거나 싸울 때 쓰는 중요한 무기가 돼요.
사람들은 뿔을 약재나 공예 도구로 이용하지요. 뿔나비는 아랫입술수염이
앞쪽으로 튀어나와서 '뿔'처럼 보이는 나비로 땅에 잘 내려앉아요.
몸의 일부분이 뿔 모양으로 뾰족하게 튀어나와 있는 생물을 찾아보세요.

뿔나비나방

날개 끝이 뿔처럼 뾰족뾰족하게 생긴 나방이에요. 나비처럼 꽃에 모여 꿀을 빨아요.

뿔잠자리

끝부분이 불룩하게 부풀어 있는 더듬이가 뿔처럼 생겼어요. 잠자리와 모습이 비슷하지만 잠자리와 무리가 다른 풀잠자리예요.

뿔나비

뿔들파리

앞쪽으로 향해 있는 더듬이가 뾰족한 뿔처럼 보여요. 산과 들의 풀잎과 꽃 사이를 재빨리 날아다녀요.

외뿔장수풍뎅이

크기가 작은 장수풍뎅이로 수컷의 머리에 위쪽으로 향한 뿔 모양의 작은 돌기가 있어요.

등빨간뿔노린재

앞가슴등판 양옆이 뿔처럼 뾰족하게 튀어나왔어요. 등 쪽이 전체적으로 붉은 빛깔을 띠어요.

톱날푸른자나방

비슷한 이름 톱니태극나방 | 톱하늘소 | 톱사슴벌레 | 톱날노린재 | 톱풀

나무를 자르는 톱의 가장자리에 뾰족뾰족하게 달린 이를 '톱니'라 불러요. 어두운 녹색의 톱날푸른자나방은 날개의 가장자리가 들쑥날쑥한 톱니 모양인 나방이에요. 톱날푸른자나방처럼 생물의 몸에 뾰족뾰족한 톱니 모양의 형태를 가지고 있으면 '톱', '톱날', '톱니' 등의 이름이 붙어 있어요. 이름에 '톱'이 들어가 있는 생물을 찾아 어떤 부위가 톱니 모양인지 살펴보세요.

톱니태극나방

날개의 가장자리에 톱니 모양의 구불구불한 무늬가 있어요. 날개 중앙에는 둥근 태극무늬가 있어요.

톱풀

잎 가장자리가 톱니 모양으로 산과 들에서 자라며 흰색 꽃이 피어요.

톱날푸른자나방

톱하늘소

기다란 더듬이가 톱니 모양이에요. 밤에 불빛에 모여드는 야행성 곤충이에요.

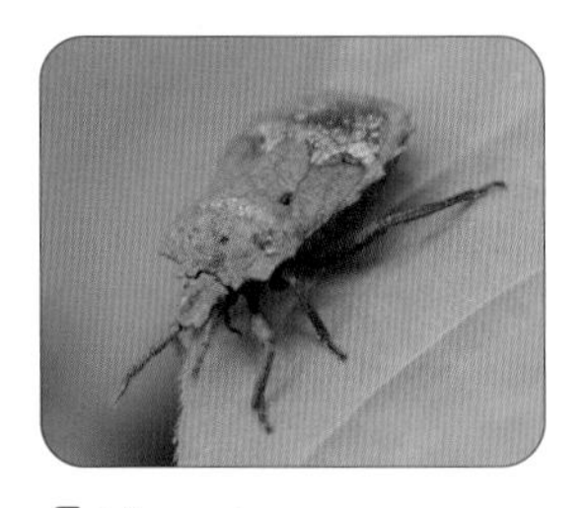

톱날노린재

둥근 배 가장자리가 톱니 모양이에요. 호박, 수박, 참외 등의 풀즙을 빨아 먹고 살아요.

톱사슴벌레

수컷의 큰턱 안쪽이 톱니 모양이에요. 나뭇진이나 사랑을 차지하려고 결투할 때 큰턱을 이용해요.

얼룩대장노린재

비슷한 이름 얼룩무늬좀비단벌레 | 얼룩무늬가시털바구미 | 얼룩어린밤나방 | 얼룩장다리파리 | 얼룩점밑들이파리매

얼룩소처럼 바탕에 다른 빛깔의 점이나 줄 등이 뚜렷하게 섞여 있는 자국을 '얼룩'이라고 해요. 참나무 숲에 살고 있는 얼룩대장노린재는 몸 전체에 검은 색깔의 불규칙한 점무늬가 많아서 얼룩덜룩해 보여요. 몸에 점이나 줄 등이 섞인 자국이 있는 생물의 이름에는 '얼룩'이 붙어 있어요. 얼룩덜룩해서 눈에 잘 띄지 않는 곤충을 눈을 동그랗게 뜨고 찾아보세요.

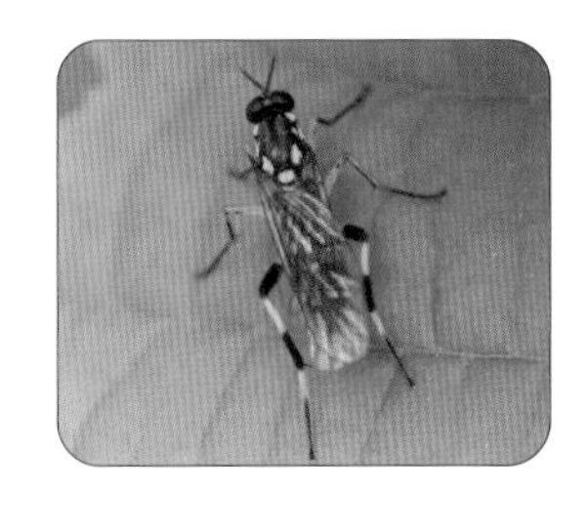

얼룩점밑들이파리매
앞가슴등판과 다리에 있는 노란색 점무늬가 얼룩점 같아 보이는 육식성 파리예요.

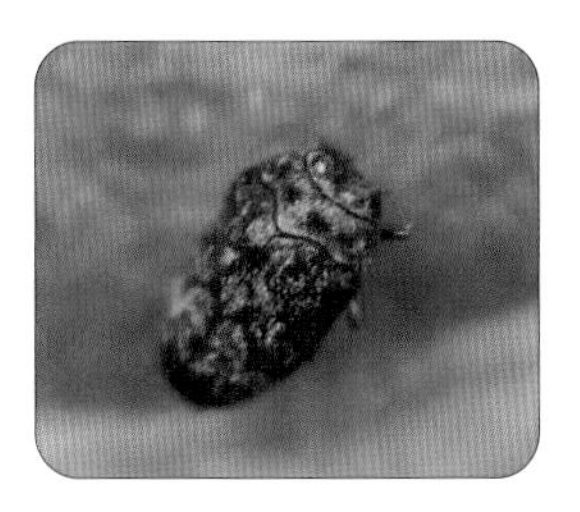

얼룩무늬좀비단벌레
빛깔이 비단처럼 아름답고 '좀'처럼 크기가 작으며 얼룩덜룩한 무늬가 있는 비단벌레예요.

얼룩대장노린재

얼룩장다리파리
날개의 검은색 무늬가 얼룩덜룩해 보여요. 몸에 비해 다리가 매우 길어서 장다리파리예요.

얼룩무늬가시털바구미
몸에 얼룩이 묻은 것처럼 얼룩덜룩하며 딱지날개에 뾰족한 가시털이 있어요.

얼룩어린밤나방
날개에 다양한 줄무늬가 많이 있어서 전체적으로 얼룩덜룩해 보이는 나방이에요.

중국무당벌레

비슷한 이름 중국먹가뢰 | 중국청람색잎벌레 | 중국잎벌레붙이 | 중국별뚱보기생파리

황허(黃河)를 중심으로 고대 문명이 발생한 중국은 아시아 동부에 위치한 나라예요. 최근 풍부한 천연자원을 바탕으로 공업화가 진행되면서 급속한 경제 성장을 이루고 있지요. 중국은 우리나라와 붙어 있는 대륙이기 때문에 생물의 분포가 비슷해서 동일한 종류의 생물이 살고 있는 경우가 많아요. 중국에서 우리나라에 들어와 살게 된 생물의 이름에는 '중국'이 들어가 있어요.

중국은 우리나라와
가까운 대륙이어서
비슷한 생물이 많아요.

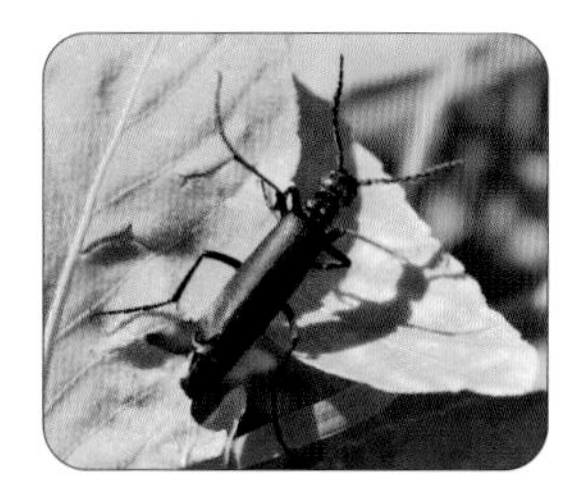

중국먹가뢰
들판이나 낮은 산지에 모여 칡이나 콩과 식물을 먹어요.

몸에 커다란 10개의
검은색 점이 있네!

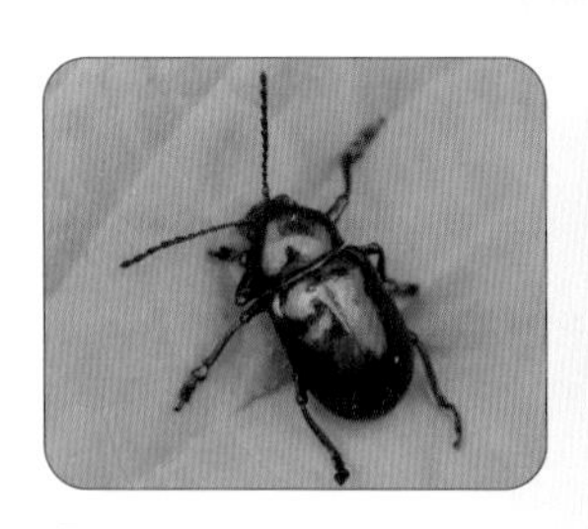

중국청람색잎벌레
박주가리, 고구마 등을 먹고 사는 청람색 광택이 아름다운 잎벌레예요.

중국무당벌레

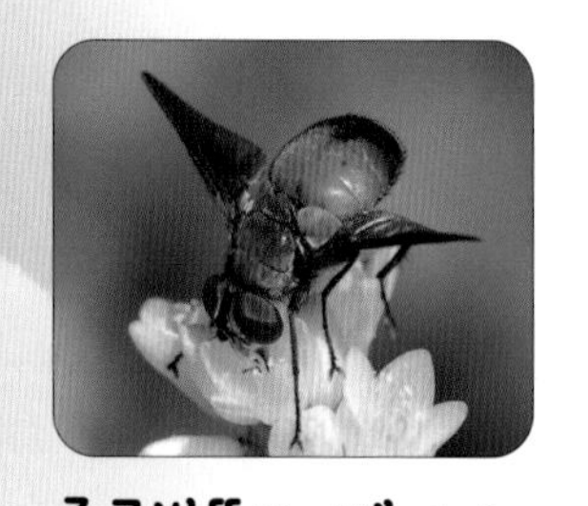

중국별뚱보기생파리
숲에 핀 다양한 꽃을 찾아다니며 곤충의 애벌레나 번데기에 알을 낳아 기생하는 파리예요.

중국잎벌레붙이
나뭇잎 또는 꽃에 모여서 생활하며 잎벌레와 생김새가 닮아서 '잎벌레붙이'예요.

끝검은말매미충

비슷한 이름 끝무늬녹색먼지벌레 | 끝빨간긴날개멸구 | 끝검정콩알락파리 | 끝마디통통집게벌레

기다란 물건의 맨 마지막 부분을 '끝'이라고 해요. 원통형으로 기다랗게 생긴 끝검은말매미충은 연두색 앞날개의 끝부분이 검은색으로 되어 있어서 이름이 지어졌어요. 성충(어른벌레)으로 겨울을 나고 초봄에 나타나서 식물의 즙을 빨아 먹고 살아요. 생물의 가장자리 끝부분에 특별한 색깔이나 무늬, 모양을 가지고 있는 곤충의 이름에는 '끝'이 붙어 있어요. 끝부분이 독특한 다채로운 곤충을 찾아보세요.

끝무늬녹색먼지벌레

몸 전체가 녹색을 띠는 먼지벌레예요. 딱지날개 끝부분에 서로 연결된 한 쌍의 황색 점무늬가 있어요.

끝검은말매미충

끝마디통통집게벌레

배 끝마디로 갈수록 통통하게 부풀어 올랐어요. 작은 곤충이나 동물의 시체를 먹고 살아요.

끝빨간긴날개멸구

기다란 앞날개의 가장자리 부위가 붉은 색깔을 띠어요.

끝검정콩알락파리

배 끝부분이 검은색이에요. 애벌레는 콩과 식물의 뿌리를 먹고 살아요.

배벌

비슷한 이름 배노랑긴가슴잎벌레 | 배홍무늬침노린재 | 배얼룩재주나방 | 배세줄꽃등에 | 배치레잠자리

사람이나 동물의 몸에서 위장과 창자 등의 내장이 들어 있는 곳을 '배'라고 해요. 곤충은 숨구멍과 항문이 있는 곳이 배 부분이지요. 배벌은 다양한 종류의 벌 중에서 흰색 띠무늬가 있는 배마디가 매우 길게 발달되어 있어요. 배벌처럼 배 부분이 잘 발달되어 있거나 배에 특별한 무늬가 있으면 이름에 '배'가 들어 있어요. 발견한 곤충의 배를 잘 살펴보면 이름의 힌트를 얻을 수 있답니다.

배노랑긴가슴잎벌레

몸은 전체적으로 청람색이지만 배 부분이 노란색이에요. 닭장 주변의 닭의장풀을 갉아 먹어요.

배치레잠자리

배가 몸길이에 비해서 매우 넓적한 잠자리로 암컷의 배가 훨씬 더 넓적해요.

배벌

배홍무늬침노린재

배 가장자리에 붉은색 무늬가 있어요. 침으로 찔러 다른 곤충의 체액을 빨아 먹어서 '자객', '암살자'라 불려요.

배세줄꽃등에

배에 3개의 가로줄 무늬가 있어요. 날갯짓 소리와 생김새가 꿀벌과 매우 닮았어요.

배얼룩재주나방

기다랗게 생긴 검은색 배에 황색 띠가 있어서 얼룩덜룩해 보여요.

호리병벌

비슷한 이름 호리꽃등에 | 호리병거저리 | 호리납작밑빠진벌레 | 호리좀반날개 | 점호리병벌

몸이 날씬하고 가느다란 모습을 '호리호리하다'고 말해요. 호리병은 날씬한 호리병박 모양의 병을 말하고, 호리병 몸매는 S라인의 늘씬한 몸매를 말해요. 호리병벌은 허리가 매우 잘록해서 호리병을 닮은 벌이에요. 진흙을 모아서 항아리 모양의 집을 만들고, 그 속에 나방이나 잎벌의 애벌레를 사냥해서 모은 후에 알을 낳지요. 몸매가 날씬한 곤충의 이름에는 '호리'가 들어 있어요.

호리꽃등에

몸통이 호리호리한 꽃등에로 꽃 주변에서 맴돌아서 '호버 플라이(hover fly, 맴도는 파리)'라 불려요.

점호리병벌

배 부분에 노란색 줄무늬와 점무늬가 있는 허리가 잘록한 벌로 나비와 나방의 애벌레를 사냥해요.

호리병벌

호리병거저리

앞가슴등판과 딱지날개 사이가 홀쭉해서 호리병이나 표주박 모양을 빼닮았어요.

호리좀반날개

시체와 배설물을 먹고 사는 분해자 곤충으로 몸이 호리호리하게 생겼어요.

호리납작밑빠진벌레

꽃가루와 열매를 먹고 사는 밑빠진벌레 중에서 호리호리하고 납작한 곤충이에요.

개미

비슷한 이름 개미붙이 | 개미귀신 | 톱다리개미허리노린재 | 각시개미거미 | 개미핥기

땅속이나 썩은 나무속에 집을 짓고 사는 개미는 부지런한 곤충으로 유명해요. 개미는 여왕개미, 수개미, 일개미가 서로 도와서 개미 왕국을 만드는 사회성 곤충이에요. 개미는 집단생활을 하기 때문에 웬만한 천적들도 잘 건드리지 않아요. 그래서 개미를 닮으면 천적으로부터 보호를 받을 수 있지요. 이름에 '개미'가 들어 있으면 생김새가 개미를 닮았거나 개미를 잡아먹고 사는 생물이에요.

개미붙이

기어 다니는 모습이 전체적으로 개미와 매우 닮아서 이름에 '닮았다'는 의미의 '붙이'가 붙었어요.

개미핥기

남아메리카, 중앙아메리카의 땅에 살면서 개미와 흰개미를 기다란 혀로 붙여 잡아먹어요.

개미(가시개미)

각시개미거미

전체적인 생김새가 개미를 무척 닮았지만 곤충이 아니라 다리가 8개인 거미예요.

개미귀신

개미를 잘 잡아먹어서 붙여진 이름이에요. 개미귀신이 사는 집은 '개미지옥'이라 불려요.

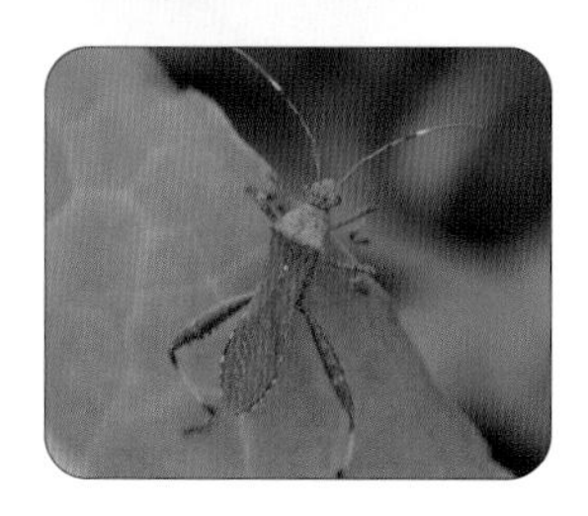

톱다리개미허리노린재

뒷다리에 톱니 모양처럼 뾰족한 가시가 있어요. 호리호리한 허리가 개미 허리처럼 가늘어요.

일본왕개미

비슷한 이름 일본잎벌레 | 일본애수염줄벌 | 일본날개매미충 | 에사키뿔노린재 | 삿포로잡초노린재

일본은 홋카이도, 혼슈, 시코쿠, 규슈 4개의 큰 섬과 여러 개의 작은 섬으로 이루어진 섬나라예요. 일본왕개미는 정원이나 공원, 학교나 숲 등에서 만날 수 있어요. 구스타브 L. 마이어(Gustav L. Mayr)가 일본에서 처음으로 일본왕개미를 발견해서 이름에 일본을 뜻하는 'japonicus'가 붙어 '일본왕개미(*Camponotus japonicus*)'가 되었지요. 일본과 관련 있는 생물의 이름에는 '일본'을 붙인답니다.

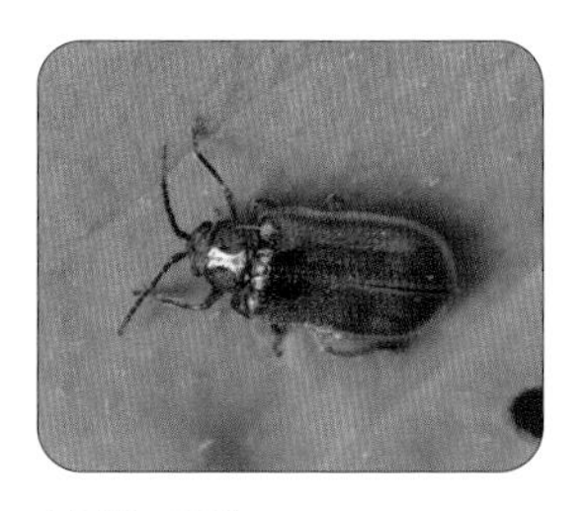

일본잎벌레

이름에 '일본'이라는 뜻의 'nipponensis'가 들어 있어요. 연못 주변에서 마름, 순채 등을 먹고 살아요.

삿포로잡초노린재

이름이 'sapporensis'로 일본 삿포로 지역에서 처음 발견되어 붙여진 노린재예요.

일본왕개미

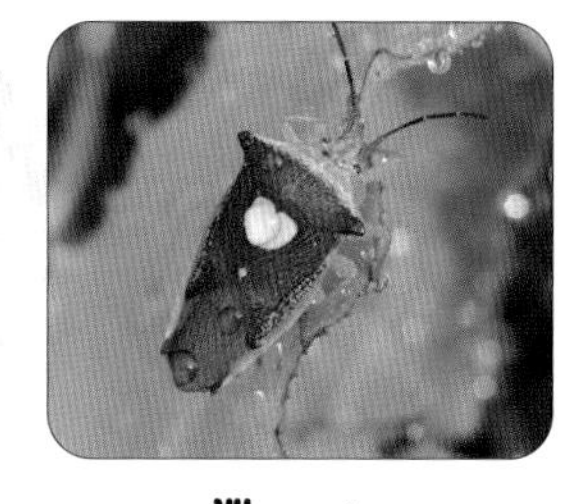

에사키뿔노린재

이름에 일본 곤충학자의 이름인 '에사키(esakii)'가 붙어 있는 노린재예요. 암컷이 알을 정성껏 돌봐요.

일본애수염줄벌

이름에 '일본'이라는 뜻의 'nipponensis'가 들어간 벌로, 꽃에 모여 꽃가루와 꿀을 모아요.

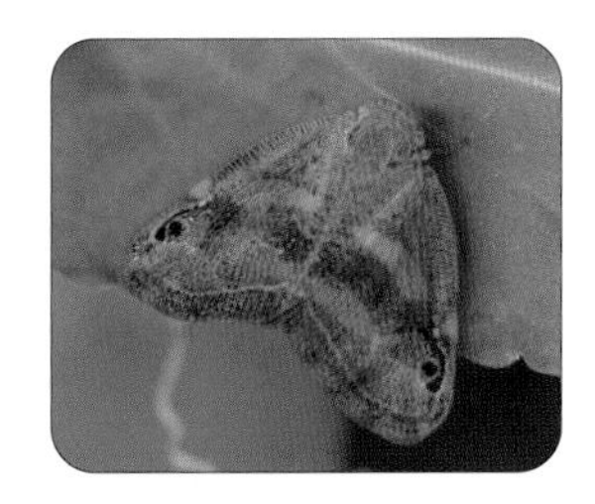

일본날개매미충

이름이 'japonica'인 걸로 보아 일본에서 처음으로 이름 지어진 날개매미충이에요.

검정파리매

비슷한 이름 검정명주딱정벌레 | 검정오이잎벌레 | 검정물방개 | 검정큰날개파리 | 검독수리

검정 고무신, 검정콩처럼 검은 빛깔이나 물감을 말할 때 '검정'이라고 해요. 검정파리매는 날쌔게 날아가서 인형 뽑기 기계 모양의 다리로 먹잇감을 낚아채는 육식성 파리예요. 몸 전체가 검은 빛깔을 띠고 있어서 이름 지어졌지요. 몸 전체, 혹은 몸의 일부분에 숯이나 먹 빛깔처럼 어둡고 진한 검은 빛깔을 가지고 있는 생물의 이름에는 '검정', '검'이 들어 있어요. 검은 빛깔의 다양한 생물을 찾아보세요.

검정명주딱정벌레

몸 전체가 검은 빛깔을 띠고 있어서 땅에 기어 다니면 눈에 잘 띄지 않는 육식성 곤충이에요.

검독수리

몸이 검은색 또는 갈색인 독수리로 끝이 구부러진 힘센 부리와 날카로운 강한 발톱으로 사냥해요.

검정파리매

검정큰날개파리

몸 전체가 검은색이고 날개가 몸길이보다 훨씬 기다란 파리예요.

검정오이잎벌레

몸은 황갈색이지만 딱지날개가 검은색을 띠는 잎벌레예요. 오이, 콩, 등나무 등 식물의 잎을 갉아 먹어요.

검정물방개

물방개는 개구리처럼 뒷다리를 동시에 뻗어 헤엄쳐요. 둥글게 생긴 물방개 중에서 몸 전체가 검은색이에요.

똥파리

비슷한 이름 똥풍뎅이 | 새똥하늘소 | 애기뿔소똥구리 | 쥐똥나무 | 큰새똥거미

사람이나 동물이 먹은 음식물이 소화되고 남은 찌꺼기를 '똥'이라고 해요. 똥파리는 애벌레 시절에 배설물과 퇴비처럼 지저분한 물질을 먹고 살아서 이름이 지어졌어요. 그러나 성충(어른벌레)이 된 똥파리는 잽싸게 날며 작은 곤충을 사냥하기 때문에 배설물에 모이지 않아요. 배설물이나 썩은 시체처럼 지저분한 물질에 모여들거나 모습이 똥 빛깔을 닮은 생물의 이름에는 '똥'이 붙어 있어요.

똥풍뎅이
기다란 원통형의 소형 풍뎅이로 동물의 배설물이나 퇴비를 먹고 살아요.

큰새똥거미
생김새가 새똥을 닮은 거미예요. 새똥처럼 보여서 천적인 새의 눈을 속여 피할 수 있어요.

똥파리

새똥하늘소
몸은 검은색이고 딱지날개 윗부분이 흰색이어서 멀리서 보면 새똥과 비슷해서 천적을 피해요.

쥐똥나무
아파트나 공원의 정원에 잘 심는 나무로 콩알 모양의 검은색 열매가 쥐똥처럼 생겼어요.

애기뿔소똥구리
수컷의 머리에 뿔이 달린 소똥구리로 똥 덩이에 알을 낳지만 똥을 굴리는 재주는 없어요.

왕귀뚜라미

비슷한 이름 왕사슴벌레 | 왕거위벌레 | 왕바구미 | 왕사마귀 | 왕무늬대모벌

'사자는 동물의 왕'이라는 말처럼 일정한 분야나 범위 안에서 으뜸이 되는 사람이나 동물을 비유할 때 '왕(임금)'이라고 해요. 귀뚜라미는 의성어 '귀뚤'과 접사인 '와미(아미)'가 결합되어 지어진 이름으로 왕귀뚜라미는 우리나라에서 가장 크고 대표적인 귀뚜라미예요. 이름에 '왕'이 붙어 있는 생물은 모두 비슷한 무리의 생물 중에서 가장 크고 대표가 된다는 뜻이랍니다.

왕사슴벌레

수명이 3년으로 우리나라에서 가장 오래 사는 대표적인 사슴벌레예요.

왕무늬대모벌

몸은 검은색이고 배에 노란색 무늬가 있는 덩치가 큰 대모벌로 거미를 사냥해요.

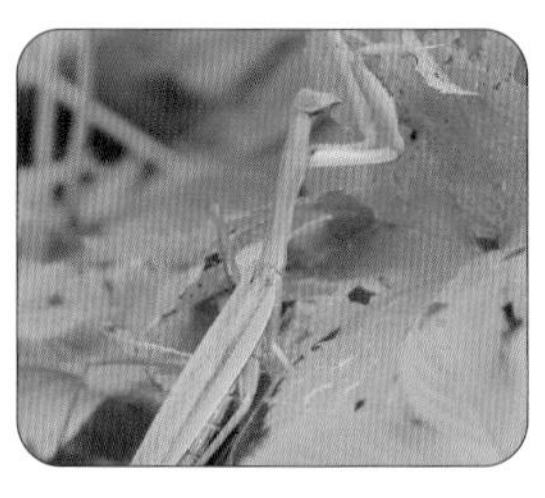

왕사마귀

앞발을 들고 날개를 펼쳐 공격하는 사마귀 중에서 크기가 가장 커요. 모습이 범을 닮아서 '버마재비'라고도 불려요.

왕거위벌레

두루뭉술한 엉덩이와 긴 목이 '거위'를 닮았어요. 가장 쉽게 만날 수 있는 대표적인 거위벌레예요.

왕바구미

주둥이가 길쭉하게 튀어나온 바구미 중에서 크기가 가장 커서 '왕바구미'예요.

줄베짱이

비슷한 이름 세줄나비 | 줄박각시 | 줄먼지벌레 | 줄각다귀 | 줄무늬감탕벌

길게 쳐진 선이나 무늬를 '줄'이라고 해요. 줄베짱이는 날개를 비벼 소리를 내는 몸이 가느다란 풀벌레예요. 등 쪽에 연한 노란색 세로줄이 있어서 이름이 지어졌지요. 줄베짱이처럼 이름에 '줄'이 들어가 있는 곤충은 몸의 특별한 부위에 줄이 있는 게 특징이에요. 이름에 '줄'이 들어 있는 생물을 찾아 몸 어디에 줄이 그어져 있는지 살펴보세요.

줄무늬감탕벌

배에 2개의 노란색 가로줄 무늬가 뚜렷해요. 나방 애벌레를 잡아먹는 사냥벌이에요.

세줄나비

날개에 3개의 흰색 가로줄 무늬가 있어요. 땅에 내려앉아 과일과 배설물의 즙을 빨아요.

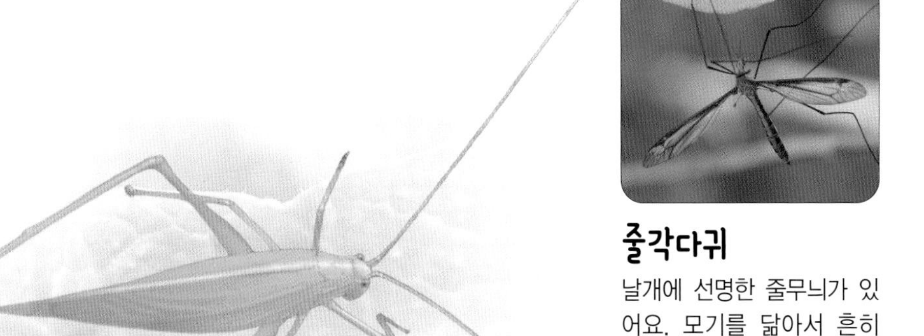

줄베짱이

줄각다귀

날개에 선명한 줄무늬가 있어요. 모기를 닮아서 흔히 '왕모기'라 불리지만 침이 없어서 물지 않아요.

줄박각시

날개와 배의 등 쪽에 황백색 줄무늬가 있어요. 박각시는 '박꽃에 모이는 각시처럼 예쁜 나방'을 말해요.

줄먼지벌레

단단한 딱지날개에 세로로 된 여러 개의 선명한 줄무늬를 가지고 있어요.

땅강아지

비슷한 이름 장수땅노린재 | 땅해변먼지벌레 | 참땅벌 | 땅꽈리 | 땅콩

흙이나 토양을 '땅'이라 불러요. 좋은 땅은 다양한 생물의 훌륭한 삶터가 되지요. 긴 몸통과 짧은 다리를 가지고 있는 땅강아지는 귀여운 강아지를 닮았어요. 몸이 보들보들해서 만지면 강아지처럼 복슬복슬한 느낌도 들지요. 땅강아지는 갈고리 모양의 발로 땅에 구멍을 파기 때문에 '두더지귀뚜라미'라고도 불려요. 땅강아지처럼 땅과 관련 있는 생물의 이름에는 '땅'이 들어간답니다.

장수땅노린재

다리로 땅을 파고 나무뿌리를 먹고 사는 몸집이 큰 땅노린재로 생김새가 물자라와 닮았어요.

땅콩

땅속에서 열매가 열리는 작물이에요. 물 빠짐이 좋고 해가 잘 드는 고온건조한 곳에서 잘 자라요.

땅강아지

땅별노린재

풀뿌리가 많은 건조한 땅이나 돌 밑에서 생활하는 노린재예요.

참땅벌

땅에 집을 짓는 벌이에요. 조상의 묘를 벌초하다가 참땅벌 집을 건드려 벌에 쏘이는 사고가 생기기도 해요.

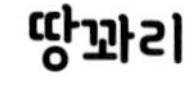

땅꽈리

키가 작아서 땅 가까이에 붙어 자라요. 열매는 '꽈리'를 닮은 아메리카 원산지의 귀화 식물이에요.

긴꼬리쌕쌔기

비슷한 이름 긴가위뿔노린재 | 긴꼬리 | 긴날개밑들이메뚜기 | 긴은점표범나비 | 긴다색풍뎅이

동물의 꽁무니 또는 몸뚱이의 뒤 끝에 붙어서 조금 나와 있는 부분을 '꼬리'라고 해요. 짐승이나 곤충에 따라 꼬리의 모양은 조금씩 다르기 때문에 꼬리를 보면 어떤 생물인지 구별하는 데 도움이 돼요. 긴꼬리쌕쌔기는 산란관이 매우 길게 발달해서 기다란 꼬리처럼 보이는 풀벌레예요. 긴꼬리쌕쌔기처럼 몸의 특별한 부위가 길게 발달되어 있는 생물의 이름에는 '긴'을 붙여요.

긴다색풍뎅이
몸이 전체적으로 기다란 원통 모양처럼 생긴 풍뎅이에요.

긴가위뿔노린재
수컷 배 끝부분의 붉은색 생식기가 기다란 가위처럼 튀어나왔어요.

긴은점표범나비
뒷날개 아랫면에 광택이 나는 은색 점무늬가 길쭉해요. 산지의 풀밭에 핀 꽃에 모여 꿀을 빨아요.

긴꼬리쌕쌔기

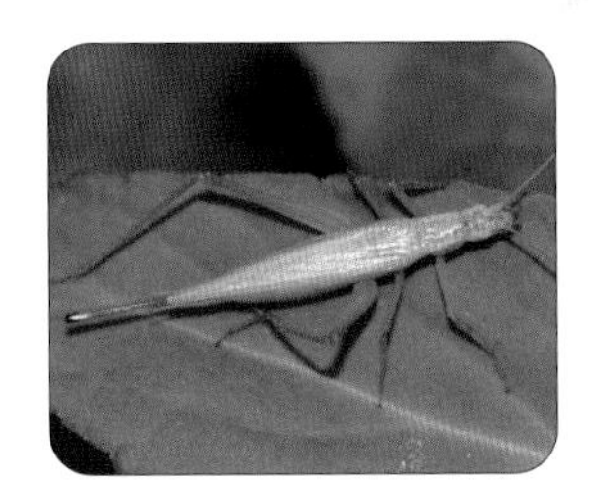

긴꼬리
몸이 전체적으로 좁고 기다랗게 생겼으며 뒷날개의 끝이 꼬리처럼 길게 빠져나왔어요.

긴날개밑들이메뚜기
날개가 없는 '밑들이메뚜기'와 달리 기다란 날개를 가지고 있어요.

사마귀

비슷한 이름 왕사마귀 | 애사마귀붙이 | 게아재비 | 사마귀게거미 | 사마귀풀

남의 목숨을 빼앗고 세상을 파괴하는 '악마'처럼 포악한 육식 곤충은 '사마(死魔)의 귀신'이라 불리는 사마귀예요. 사마귀를 잡으면 오줌을 찍 싸기 때문에 '오줌싸개'라고도 불렸고, 사마귀의 오줌이 묻으면 사마귀(작은 혹)가 생겨난다고도 믿었지요. 사마귀의 독특한 사냥 자세를 본뜬 '당랑권'도 유명해요. 사마귀를 닮았거나 피부병처럼 작은 혹이 나 있는 생물의 이름에는 '사마귀'가 붙어요.

왕사마귀

풀숲에 숨어 사냥감이 오기를 기다렸다 재빠른 솜씨로 낚아채는 몸집이 가장 큰 사마귀예요.

사마귀풀

사마귀풀을 짓이겨 붙이면 손이나 발에 생긴 사마귀(작은 혹)가 떨어져요.

애사마귀붙이

낫처럼 생긴 앞다리의 생김새가 사마귀를 빼닮아서 '사마귀붙이'라고 이름이 지어졌어요.

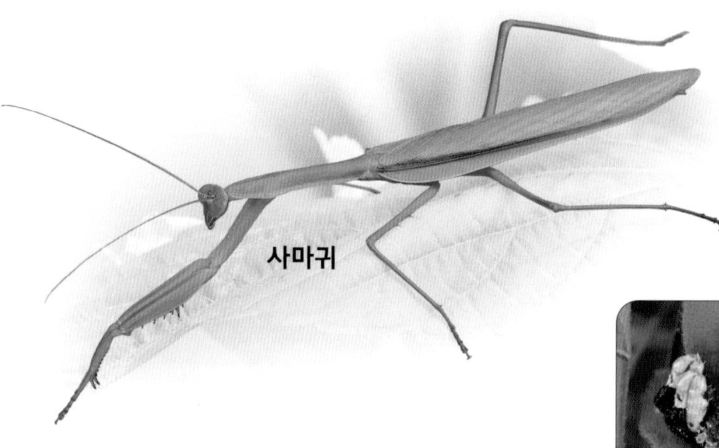

사마귀

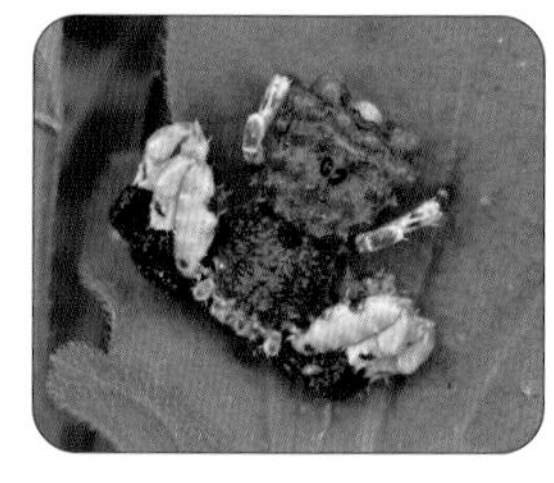

사마귀게거미

생김새는 꽃게를 닮았지만 몸에 작은 혹이 오돌토돌하게 나 있어요.

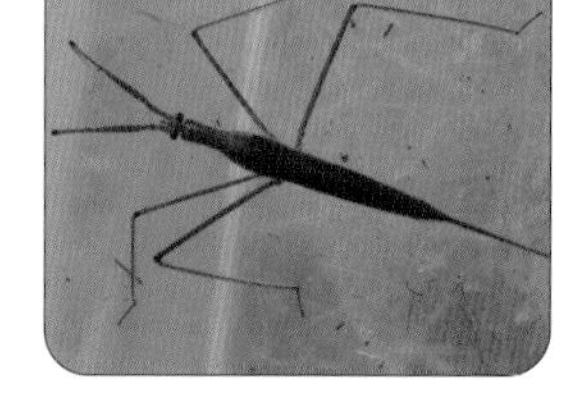

게아재비

날카롭게 발달된 다리로 물속에서 사냥하는 솜씨가 사마귀와 닮아서 '물속의 사마귀'라 불려요.

한국큰그물강도래

비슷한 이름 한국강도래 | 한국꼬마감탕벌 | 한국산개구리 | 한국호랑이 | 한국동박새

'한국'은 대한민국의 줄임말로 우리나라를 대표하는 국명이에요. 우리나라에 살고 있는 특정한 생물을 말하는 고유종(특산종)의 이름에는 '한국'이 붙어 있는 경우가 많아요. 한국큰그물강도래는 몸길이 50mm 이상의 대형 강도래예요. 맑고 차가운 물에 살면서 송어나 연어 등의 중요한 먹이가 되지요. 우리나라에만 살고 있어서 더욱 특별하고 소중한 생물들을 만나 보세요.

한국강도래
맑은 냇물에만 살아서 물이 깨끗하다는 걸 알려 주는 수서 곤충이에요. 물속의 작은 수생 동물을 잡아먹어요.

한국동박새
우리나라를 지나가다가 발견되는 나그네새예요. 거미, 곤충, 나무 열매를 먹고 살아요.

한국큰그물강도래

한국호랑이
한국에 살기 때문에 '한국호랑이'라 불려요. '시베리아호랑이' 또는 '백두산호랑이'라고도 해요.

한국꼬마감탕벌
크기가 매우 작은 한국 특산종 감탕벌로 나비와 나방의 애벌레를 사냥해요.

한국산개구리
'아무르산개구리'라고 불렸지만 연구 결과, 우리나라 고유종이어서 '한국산개구리'가 되었어요.

좀

비슷한 이름 납작돌좀 | 좀집게벌레 | 좀사마귀 | 고추좀잠자리 | 시베리아좀뱀잠자리

'좀'은 '조금'의 준말로 정도나 양이 적다는 뜻이에요. 속이 좁고 너그럽지 못한 사람도 '좀스럽다'고 해요. 좀은 벼룩이나 빈대처럼 크기가 매우 작은 곤충으로 은빛이 나서 '실버피시(Silverfish)'라고도 불려요. 옷장에서 천연 섬유인 옷감이나 종이를 갉아 먹고 살았지만 합성 섬유를 많이 이용하면서 먹이 부족으로 줄어들었지요. 좀처럼 크기가 매우 작은 곤충의 이름에는 '좀'이 붙어요.

납작돌좀

날개가 없고 3개의 긴 꼬리를 가지고 있어서 좀과 닮았지만 숲의 바위틈이나 낙엽에 살아요.

시베리아좀뱀잠자리

시베리아, 한국, 일본 등의 지역에 사는 크기가 작은 뱀잠자리예요.

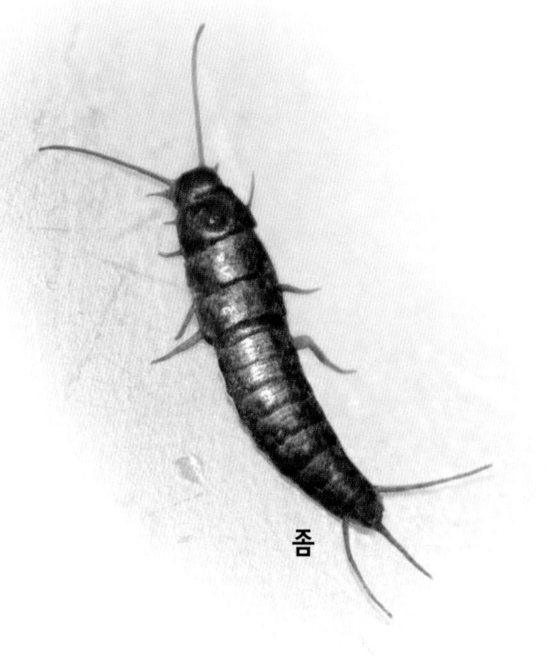

좀

좀집게벌레

꼬리에 집게가 달린 집게벌레 중 크기가 작아요. 북한에서는 집게벌레를 '가위벌레'라 불러요.

고추좀잠자리

크기가 작은 잠자리예요. 수컷은 성숙하면 배 부분이 빨갛게 익은 고추처럼 붉게 변해요.

좀사마귀

앞다리로 순식간에 사냥하는 풀숲의 최고 사냥꾼인 사마귀 중에서 크기가 가장 작아요.

무당거미

비슷한 이름 무당개구리 | 무당벌레 | 칠성무당벌레 | 무당벌레붙이 | 무당알노린재

화려하고 알록달록한 옷을 입고 굿을 하는 사람을 '무당(무속인)'이라 불러요. 무당거미는 몸 빛깔이 무당의 옷처럼 화려해서 붙여진 이름이에요. 산과 들, 길가의 풀숲, 마을 주변이나 텃밭에는 무당거미가 여러 겹으로 된 다층의 황금색 거미줄을 치고 먹잇감이 걸려들기만 기다려요. 무당거미처럼 화려한 빛깔을 가지고 있는 동물 중에는 '무당'이라고 이름이 붙은 동물이 많답니다.

무당개구리

초록색 바탕에 검은색 점무늬가 알록달록하고 배는 빨간색이어서 무당의 옷처럼 화려해요.

무당알노린재

황록색의 몸에 연한 갈색과 주황색의 불규칙한 무늬가 있어서 얼룩덜룩해 보여요.

무당거미

무당벌레붙이

생김새가 무당벌레와 많이 닮아서 '무당벌레붙이'예요.

무당벌레

빨간색의 화려한 옷을 입고 천적에게 잡아먹지 말라고 경고를 해요. 진딧물을 잡아먹고 살아요.

칠성무당벌레

빨간색의 딱지날개에 7개의 검은색 점무늬가 무당의 옷처럼 화려해요.

꼬마호랑거미

비슷한 이름 꼬마길앞잡이 | 꼬마줄물방개 | 꼬마꽃등에 | 꼬마모메뚜기 | 꼬마물떼새

꼬마 신랑이나 꼬마 자동차처럼 어린아이를 귀엽게 말하거나 조그마한 사물을 부를 때 '꼬마'라고 해요. 꼬마호랑거미는 호랑이 줄무늬를 가지고 있는 호랑거미 중에서 몸집이 가장 작아요. 유달리 몸집이 작은 생물의 이름에는 '꼬마'라는 이름이 붙어 있어요. 덩치가 너무 작아서 귀엽고 앙증맞은 생물을 찾아보세요.

꼬마길앞잡이

'호랑이딱정벌레', '길 안내자', '길당나귀'라 불리는 길앞잡이 중에서 크기가 매우 작은 편이에요.

꼬마물떼새

물떼새 종류 중에서 크기가 가장 작아요. 바닷가, 호숫가 등에서 생활하며 다양한 곤충을 잡아먹고 살아요.

꼬마호랑거미

꼬마모메뚜기

습지나 논밭 주변에 사는 크기가 매우 작고 날씬한 모메뚜기예요.

꼬마줄물방개

딱지날개에 줄무늬가 있는 크기가 매우 작은 물방개예요. 논이나 연못 등에 많이 살아요.

꼬마꽃등에

꽃이나 풀잎에서 볼 수 있는 크기가 매우 작은 꽃등에예요.

게

비슷한 이름 칠게 | 풀게거미 | 중국연두게거미 | 게아재비 | 꽃게

게는 등 쪽이 단단한 등딱지로 덮여 있는 바다에 사는 해양 생물이에요. 대부분 갯벌이나 바다 속에 살면서 잘 발달된 집게발로 먹이를 잡아먹지요. 게는 위험을 감지하면 눈을 재빨리 숨기는데 그 민첩한 모습을 보고 음식을 단숨에 먹을 때 '게 눈 감추듯 한다'라고 말해요. 생물의 이름에 '게'가 들어 있는 곤충과 거미는 모두 생김새가 게를 빼닮았어요.

게는 옆으로 걷지만
바쁠 땐 앞으로도
갈 수 있어요!

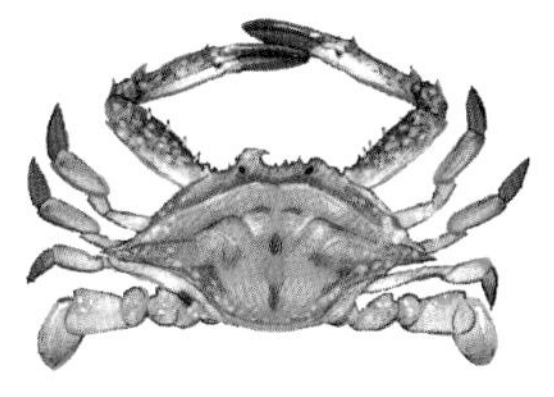

꽃게

크고 긴 집게발을 가지고 있어요. 얕은 바다의 모래땅에 무리 지어 살며 밤에 활동해요.

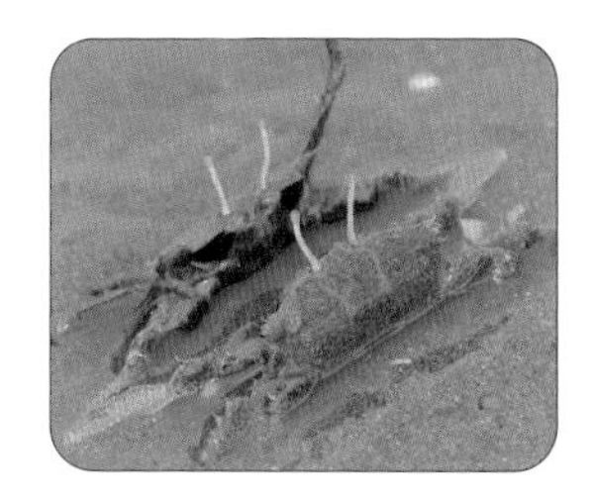

칠게

우리나라의 갯벌에서 가장 흔하게 볼 수 있는 생물로 칠게의 '칠'은 차고 넘친다는 뜻이에요.

게(방게)

게아재비

'게를 닮은 아저씨'라는 뜻으로 이름 지어졌어요. 굵은 포획용 앞다리가 있어서 '물사마귀'라고도 불려요.

풀게거미

게를 축소해 놓은 생김새의 거미로 풀밭에 숨어 있다가 작은 곤충을 덥석 물어서 잡아먹어요.

중국연두게거미

기다란 다리가 게의 발을 닮았어요. 숲이나 과수원의 나뭇잎, 풀잎에서 곤충을 사냥해요.

참나무

비슷한 이름 참새 | 참매미 | 참밑들이 | 참나무하늘소 | 참나무산누에나방

참나무는 도토리 열매가 열려서 '도토리나무'라 불려요. 도토리를 주고 땔감도 되어 주는 등 쓸모가 많아서 '진짜나무'라는 뜻으로 이름이 지어졌지요. 참나무의 '참'은 사실이나 이치에 조금도 어긋남이 없는 걸 말해요. 생물의 이름에 '참'이 들어 있으면 '진짜' 또는 '대표 종'을 의미해요. 그리고 참나무에 사는 생물의 이름에는 '참나무'가 들어 있답니다.

참새

마을 주변이나 논밭에서 짹짹 울며 날아다니는 대표적인 새예요.

참나무산누에나방

참나무에 사는 몸집이 매우 큰 나방으로 불빛에 날아오면 새처럼 보여요.

참매미

'밈밈밈밈미~ 밈밈밈밈미~' 하는 울음소리를 듣고 '매미'라는 이름이 지어졌기 때문에 원조 매미라는 뜻으로 '참'이 붙었어요.

참나무

참나무하늘소

긴 원통형의 애벌레 시절에 참나무, 오리나무, 뽕나무, 버드나무 등의 나무를 갉아먹어요.

참밑들이

꼬리 부분을 말아서 등쪽에 올려놓는 자세를 보고 '밑을 들었다' 해서 밑들이에요.

도토리

비슷한 이름 도토리거위벌레 | 도토리밤바구미 | 도토리노린재 | 도토리나방 애벌레

참나무라 불리는 신갈나무, 떡갈나무, 갈참나무, 졸참나무, 굴참나무, 상수리나무의 열매를 '도토리'라고 해요. 동글동글하고 매끈한 도토리는 야생 동물에게 매우 소중한 먹이가 되지요. 사람들은 도토리를 주워서 도토리묵을 쑤어 먹기도 해요. 빛깔이나 모양이 도토리를 닮거나, 도토리를 먹이로 하는 생물의 이름에는 '도토리'가 붙어요. 산과 들을 걸으며 도토리 모양의 생물을 찾아보세요.

도토리거위벌레

기다란 주둥이로 도토리를 찔러 알을 낳고 나뭇가지째 잘라서 땅에 떨어뜨려요.

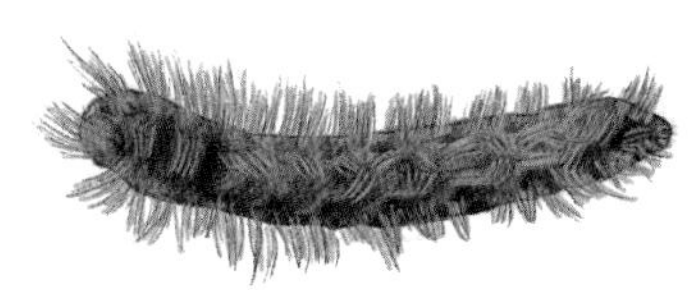

도토리나방 애벌레

밤나무 잎을 잘 먹고 살며 밤나무 수꽃과 모양이 닮았어요.

도토리

도토리노린재

억새, 개밀 등의 벼과 식물에 사는 도토리 모양을 닮은 노린재예요.

도토리밤바구미

성충은 도토리와 밤을 모두 잘 먹고 살지만, 알은 도토리에만 낳아요.

밤나무

비슷한 이름 밤갈색꽃벼룩 | 멋쟁이밤바구미 | 밤색갈고리나방 | 밤나무혹벌 | 밤나무잎벌레

뾰족뾰족한 가시가 돋은 밤송이에 싸여 있는 갈색 열매를 '밤'이라고 해요. 밤은 굽거나 삶아서 먹고, 다양한 야생 동물에게도 소중한 먹이가 되어 주지요. 15세기 후반의 '바ᇝ'은 '밤알'을 뜻하는 말로 지금의 '알밤'과 같은 말이지요. 밤나무는 산기슭이나 농촌 주변 산지에 잘 자라요. 밤나무를 먹거나 잘 익은 밤의 껍질을 닮은 생물의 이름에는 '밤' 또는 '밤나무'가 붙어 있어요.

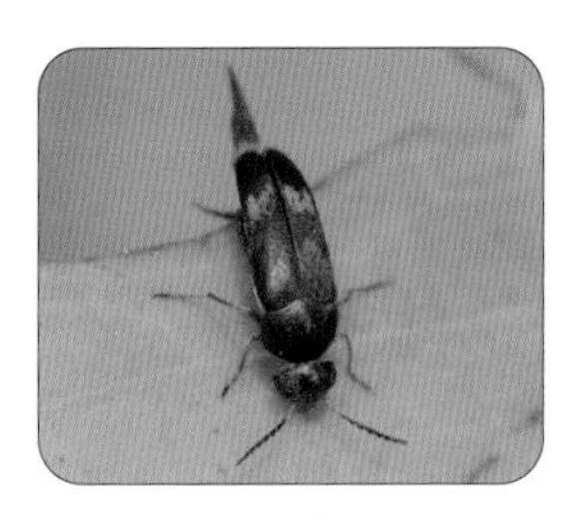

밤갈색꽃벼룩

검은색 딱지날개에 누런 밤갈색 무늬가 있어요. 꼬리가 가시처럼 뾰족하고 톡톡 잘 뛰어요.

밤나무잎벌레

밤나무, 청미래덩굴, 억새류의 잎을 갉아 먹는 잎벌레로 딱지날개에 주황색 띠무늬가 있어요.

밤나무혹벌(알집)

밤나무의 눈에 기생하여 벌레혹을 만들어서 밤나무가 꽃을 피우고 열매 맺는 데 피해를 주는 기생벌이에요.

멋쟁이밤바구미

밤알에 구멍을 뚫고 알을 낳아요. 알에서 깨어난 애벌레가 밤을 갉아 먹어 '밤벌레'라 불려요.

밤색갈고리나방

누런 갈색의 몸 빛깔이 밤톨과 비슷해요. 날개 끝이 갈고리 모양으로 휘어져 있어요.

버드나무

비슷한 이름 갯버들 | 버들하늘소 | 버들잎벌레 | 버들깨알바구미 | 버드나무좀비단벌레

냇가나 들판의 습지에 높이 20m 정도로 자라는 버드나무는 풍경이 멋져서 가로수로도 심어요. 버드나무에는 다양한 곤충이 모여들어요. 버드나무의 잎을 갉아 먹거나 나무를 갉아 먹는 곤충들이 매우 많으니까요. '버들'은 갯버들, 뚝버들, 수양버들 등의 모든 버드나무를 통틀어 부르는 말이에요. 버드나무에 살아가는 생물의 이름에는 '버드나무' 또는 '버들'이 붙어 있답니다.

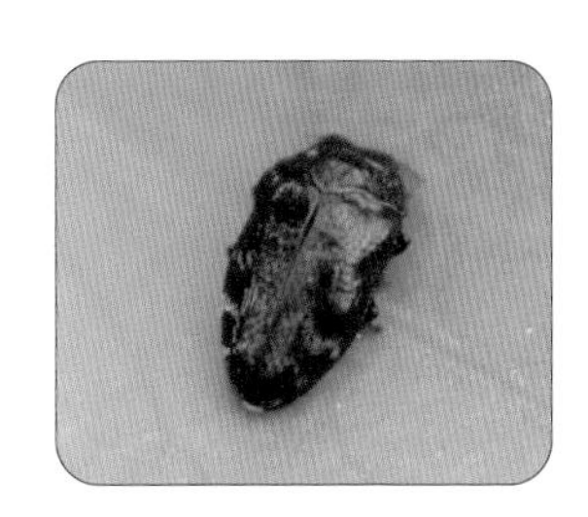

버드나무좀비단벌레

버드나무에 사는 비단벌레 중에서 크기가 매우 작아요.

갯버들

햇볕이 잘 드는 개울(갯)가에 사는 버드나무로 꽃이 예뻐서 꽃꽂이 재료로 사용돼요.

버드나무

버들깨알바구미

꽃가루를 먹고 사는 깨알처럼 작은 바구미로 버드나무에 살아요. 주둥이가 코끼리처럼 길게 튀어나왔어요.

버들하늘소

애벌레 시절에 버드나무, 벚나무, 참나무, 오리나무 등의 각종 활엽수를 갉아 먹어요.

버들잎벌레

버드나무, 황철나무, 사시나무, 오리나무 등의 잎을 갉아 먹고 살며 무당벌레와 닮았어요.

소나무

비슷한 이름 곰솔 | 소나무하늘소 | 솔거품벌레 | 솔박각시 애벌레 | 솔잣새

소나무는 잎이 바늘처럼 뾰족하게 생긴 침엽수 중에서 대표적인 나무예요. 소나무의 솔잎은 송편을 찔 때 넣기도 하고 은은한 솔향은 건강에 좋은 향균, 항생 물질도 내뿜어요. 늘푸른나무인 소나무는 '솔'이라고도 불러요. 소나무를 먹이로 살아가거나 소나무에 잘 모여드는 생물의 이름에는 '소나무' 또는 '솔'이 붙어 있어요. 소나무에 어떤 생물이 모여드는지 살펴보세요.

곰솔

소나무의 잎보다 억세서 '곰솔', 줄기껍질이 검어서 '흑송', 바닷가에 자라서 '해송'이라 불러요.

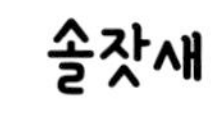

솔잣새

숲 가장자리에 둥지를 트는 겨울철새로 소나무, 잣나무의 열매를 부리로 쪼개 씨앗을 먹어요.

소나무

솔박각시 애벌레

솔잎을 갉아 먹는 애벌레로 꼬리 쪽에 뿔이 달려서 '뿔난벌레'라고도 불려요.

소나무하늘소

곤충이 싫어하는 향기를 내뿜는 소나무에서 살아가는 하늘소예요.

솔거품벌레

소나무에 거품을 만들고 수액을 빨아 먹어 피해를 일으키는 곤충이에요.

꽃창포

비슷한 이름 꽃마리 | 꽃잔디 | 꽃벼룩 | 꽃하늘소 | 꽃게거미

나무와 풀꽃에 아름답게 피어 있는 기관을 '꽃'이라고 불러요.
모양과 색깔이 다양한 꽃은 꽃받침, 꽃잎, 암술, 수술로 이루어져 있지요.
물가에 피는 꽃창포는 창포와 닮았지만 꽃이 아름다워서 붙여진 이름이에요.
꽃처럼 화려한 색깔을 가지고 있거나 꽃에 잘 모여드는 곤충의 이름에는 '꽃'이 붙어 있어요. 산과 들에 어떤 꽃이 피었고, 어떤 곤충이 꽃을 찾아오는지 살펴보세요.

꽃마리
꽃대가 처음 나올 때 도르르 말려 있어서 '꽃말이'라 불리다가 '꽃마리'가 되었어요.

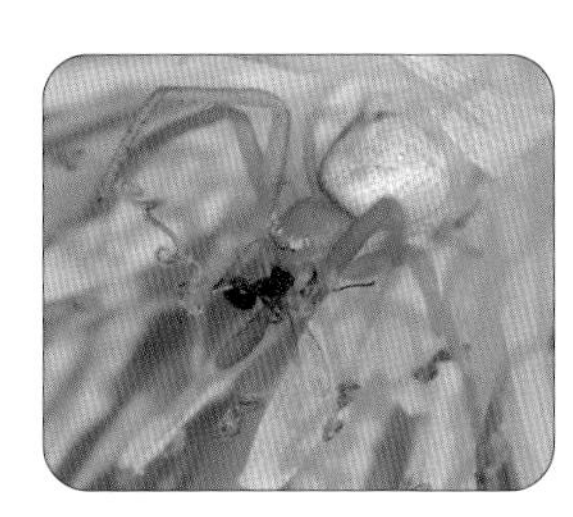

꽃게거미
꽃에 숨어 있다가 꽃을 찾아온 곤충을 사냥해요. 배의 등쪽 무늬가 사람 얼굴 모양 같아요.

꽃창포

꽃하늘소
몸 빛깔이 꽃처럼 화려한 색깔의 하늘소로 꽃가루를 먹기 위해 꽃을 찾아 날아와요.

꽃잔디
연분홍색 꽃이 피며 도시 화단에 많이 심어요. 꽃 모양이 패랭이꽃을 닮아서 '지면패랭이꽃'이라 불려요.

꽃벼룩
개망초 등의 꽃에 앉아 있다가 위험을 감지하면 벼룩처럼 톡 하고 튀어 올라 다이빙하듯 떨어져요.

별꽃

비슷한 이름 개별꽃 | 별꽃아재비 | 별박이자나방 | 별쌍살벌 | 별줄풍뎅이

별꽃은 화창한 봄날 길을 걷다가 길가나 밭둑에서 쉽게 만날 수 있는 작은 풀꽃이에요.
앙증맞은 흰색 꽃은 곤충을 불러 모으기 위해 꽃잎이 둘로 갈라져서 10장처럼 보여요.
산과 들에 피는 별꽃은 줄기 끝에 별 모양의 꽃이 피어서 붙여진 이름이에요.
별 모양을 닮았거나 별처럼 아름다운 생물의 이름에는 '별'이 들어 있어요.
아름다운 별 모양의 신비로운 생물을 찾아보세요.

개별꽃
숲속에 별 모양의 꽃이 피는 풀꽃이에요. 검붉은 색깔의 꽃밥은 점이 찍혀 있는 것처럼 보여요.

별줄풍뎅이
딱지날개의 빛깔이 매우 아름다운 풍뎅이로 4개의 굵은 세로줄 무늬가 뚜렷해요.

별꽃

별꽃아재비
별꽃과 비슷한 별 모양의 꽃이 피어서 이름 붙었어요.

별쌍살벌
몸에 있는 선명한 노란색 점무늬와 줄무늬가 별이 뜬 것 같아요.

별박이자나방
흰색 날개에 있는 검은색 점무늬가 밤하늘에 떠 있는 아름다운 별처럼 보여요.

노랑코스모스

비슷한 이름 노랑꽃창포 | 노랑어리연꽃 | 노랑나비 | 노랑배허리노린재 | 노랑털기생파리

노랑은 빨강, 파랑과 더불어 기본 색깔 중 하나예요. 동물이나 곤충, 식물의 이름에 '노랑'이 들어 있으면 몸 전체나 어떤 특정한 부위가 노란색으로 되어 있다는 뜻이에요. 노랑코스모스는 코스모스에 비해 전체가 노란색을 띠고 있어요. 이름에 '노랑'이 들어가 있는 식물이나 곤충을 찾아 어떤 부위가 노란색으로 되어 있는지 살펴보세요.

노랑털기생파리
산과 들의 꽃에 잘 모이는 뚱뚱한 파리예요. 배 끝부분에 노란색 털이 가득 나 있어요.

노랑꽃창포
연못이나 웅덩이에 노란색 꽃이 피어요. 유럽과 중동 지역이 원산지인 수생 식물이에요.

노랑코스모스

노랑배허리노린재
배 부분이 노란빛을 띠고, 허리가 잘록하게 들어간 노린재로 나무의 즙을 빨아 먹어요.

노랑어리연꽃
노란색 꽃이 피는 연꽃으로 연못과 늪의 오염된 물을 맑게 정화시켜요.

노랑나비
해가 잘 드는 풀밭을 빠르게 날아다니는 노란색의 예쁜 나비예요.

강아지풀

비슷한 이름 **금강아지풀 | 땅강아지 | 개 | 애완견**

발발대며 뛰어다니는 강아지는 귀여운 동물이에요. 길가나 들판에 피는 강아지풀은 높이가 20~70cm이고 연한 녹색이나 자주색 꽃이 줄기 끝에 피는 풀이에요. '강아지풀'은 이삭이 강아지 꼬리 모양을 닮아서 붙여진 이름이에요. 이름에 '강아지'가 들어 있는 동물이나 식물은 강아지의 모습을 닮았어요. 우리 주변에서 귀여운 강아지를 닮은 생물을 찾아보세요.

강아지 꼬리를 닮은 식물이 있다고?

애완견(포메라니안)

사람들에게 반려동물로 사랑 받고 있으며, 포메라니안, 닥스훈트 등 300~400종의 다양한 품종이 있어요.

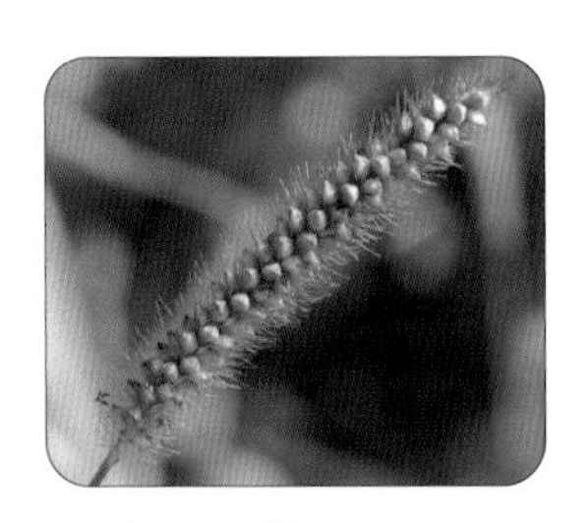

금강아지풀

여름에 이삭이 나와 바람에 날리는 모습이 강아지 꼬리를 닮았어요.

강아지풀

강아지풀은 강아지처럼 보송한 솜털이 있어요.

땅강아지

키가 작고 배가 통통한 강아지를 닮았어요. 땅을 잘 파서 '게발두더지', '두더지귀뚜라미'라 불려요.

개

늑대를 길들인 가축이에요. 사냥견, 탐지견, 반려견 등에 이용되는 동물이에요.

•애기부들

비슷한 이름 애기세줄나비 | 애기좀잠자리 | 애반딧불이 | 애호랑나비 | 애기똥풀

'애기'는 작고 귀여운 아기를 뜻하는 말이에요. 애기부들은 연못이나 강가의 얕은 물속에 자라는 수생 식물이에요. 꽃가루받이를 할 때 부들부들 떨어서 이름이 지어진 '부들'과 생김새가 비슷하지만 크기가 작아서 '애기부들'이 되었어요. 생물의 이름에 '애기' 또는 '애'가 붙어 있으면 비슷한 무리와 비교해서 크기가 작은 생물을 말해요. 산과 들에서 귀여운 애기 생물을 찾아보세요.

아장아장 걷는
아기처럼
올망졸망 작아요.

애기똥풀

마을 근처의 길가나 풀밭에 피며 줄기를 꺾으면 아기 똥과 같은 노란색 즙이 나와요.

애기세줄나비

날개에 흰색의 가로줄 무늬가 있는 줄나비 중 크기가 가장 작아요. 사뿐사뿐 나는 모습이 예뻐요.

애호랑나비

이른 봄에 출현하는 크기가 가장 작은 호랑나비예요. 애벌레는 족두리풀을 갉아 먹어요.

애기좀잠자리

몸집이 작은 좀잠자리 중에서도 크기가 훨씬 작아서 이름에 '애기'가 붙었어요.

애반딧불이

불빛을 깜빡거리며 밤하늘을 날아다니는 크기가 작은 반딧불이에요. 옛날에는 반딧불이를 '개똥벌레'라 불렀어요.

애기부들

미국자리공

비슷한 이름 미국쑥부쟁이 | 미국오리 | 미국선녀벌레 | 미국흰불나방 | 아메리카동애등에

미국은 50여 개의 주와 하나의 특별구로 이루어진 북아메리카 대륙에 위치한 국가예요. 연분홍 빛깔의 꽃이 피는 미국자리공은 약초로 이용하려고 북아메리카에서 들여와 우리나라에 살게 된 외래 식물이에요. 이처럼 미국에서 들어온 동물과 곤충의 이름에는 '미국'이 붙어 있어요. 때로는 미국의 영문 명칭인 '아메리카(America)'가 이름에 붙어 있는 생물도 있답니다.

미국쑥부쟁이

우리나라 쑥부쟁이와 비슷하게 생긴 식물로 한국 전쟁 때 미국에서 들어온 귀화 식물이에요.

아메리카동애등에

미국에서 들어온 동애등에로 쓰레기와 축산 분뇨를 분해시키는 자원 곤충이에요.

미국자리공

미국오리

캐나다 동부에서 새끼를 낳고 미국 동남부에서 겨울을 지내는 진한 갈색의 오리예요.

미국흰불나방

미국 등의 북미 지역에서 목재를 수입할 때 함께 들어왔어요. 버즘나무, 단풍나무 등의 활엽수를 갉아 먹어 피해를 줘요.

미국선녀벌레

우리나라 선녀벌레와 비슷한 곤충으로 북미에서 들어와 식물의 즙을 빨아 먹어 피해를 일으켜요.

콩

비슷한 이름 콩새 | 콩풍뎅이 | 콩은무늬밤나방 | 콩박각시 | 콩중이

흰색, 붉은색, 보라색의 나비 모양 꽃이 피는 콩은 꼬투리 속에 1~3개의 긴 타원형 씨앗이 들어 있는 식물이에요. 콩은 씨를 식용으로 널리 먹고 기름으로도 짜서 써요. 때로는 바이오 연료로도 이용하고 있어요.

콩을 먹고 살거나 콩과 관련이 있는 수많은 생물의 이름에는 '콩'이 들어 있어요. 사람에게 중요한 식량이 되는 콩이 좋아서 모여드는 신기한 생물을 살펴보세요.

콩중이
길가나 풀숲에서 볼 수 있는 메뚜기로 콩과 식물을 잘 먹고 살아요.

콩새
공원이나 정원, 학교와 숲에 무리 지어 찾아와서 식물의 씨앗을 먹는 겨울철새예요.

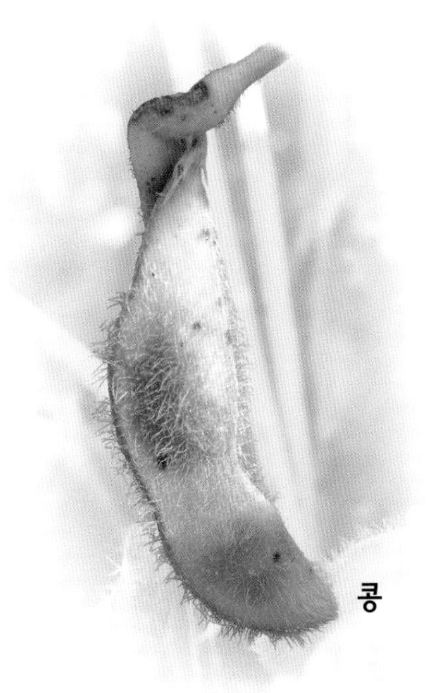

콩

콩박각시
황색 날개에 물결 모양의 무늬가 있는 뚱뚱한 나방이에요. 애벌레 시절에는 콩, 싸리나무, 아까시나무 등을 먹고 살아요.

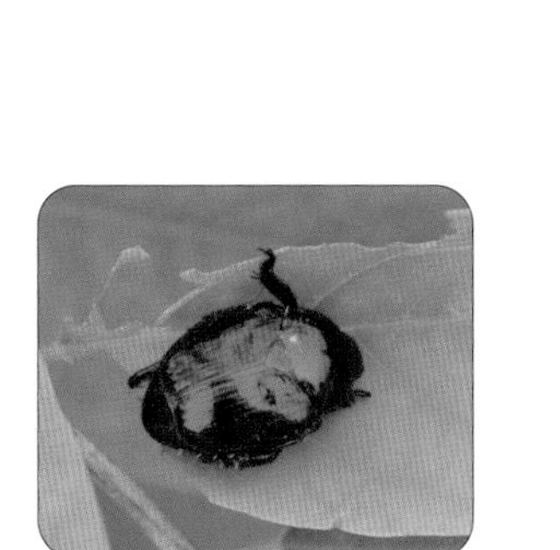

콩풍뎅이
둥글게 생긴 흑청색의 풍뎅이가 식물에 붙어 있는 모습을 멀리에서 보면 콩처럼 보여요.

콩은무늬밤나방
앞날개 중앙에 은색 무늬가 있고, 애벌레가 콩을 잘 갉아 먹어요.

물봉선

비슷한 이름 **물상추 | 물자라 | 물방개 | 물까치 | 아시아물소**

공기와 더불어 우리에게 꼭 필요한, 색깔도 냄새도 없는 물질이 '물'이에요. 물은 냇물과 강, 연못과 호수 등을 두루 일컫는 말이기도 해요. 자줏빛의 꽃이 피는 물봉선은 물가 근처에 피는 '봉선화를 닮은 꽃'이라 해서 이름이 지어졌어요. 물봉선처럼 주로 습기가 많은 물속이나 물가에 사는 생물의 이름에는 '물'이 붙어 있어요.

물상추
열대 아메리카가 원산지인 수생 식물로 개구리밥, 물옥잠처럼 물에 떠서 살아가는 부유 식물이에요.

아시아물소
몸을 시원하게 하고 피부의 건강을 위해 물속에서 뒹굴며 헤엄쳐요.

물자라
물에 사는 자라처럼 수컷은 등판이 넓적해요. 등판에 알을 지고 다녀서 '알지기'라는 별명을 가지고 있어요.

물봉선

물까치
날개깃이 물빛이며, 물가 주변의 숲에 사는 텃새예요.

물방개
물속에 잠수했다가 물 표면에 올라와 물방구를 뀌어 산소를 들이킨 후 다시 물속에 들어가 헤엄쳐요.

갯메꽃

우리를 만나려면
바닷가로 놀러 오세요.

비슷한 이름 갯질경이 | 갯잔디 | 갯강구 | 갯지렁이

밀물 때는 물속에 잠기고 썰물 때는 땅이 드러나는 곳을 '갯벌'이라 불러요. 갯벌은 해양 생물의 중요한 서식지로 보전 가치가 높은 동식물이 많이 살아요. 바닷가를 터전으로 살아가는 어민들에게는 양식장, 염전, 간척지로 이용되는 희망의 삶터예요. 갯메꽃은 들에 피는 메꽃과 매우 비슷하지만 바닷가에만 살아서 '갯'이 붙었어요. 바닷가에 살아가는 다양한 생물의 이름에는 '갯'이 들어 있어요.

갯질경이

바닷가 풀밭이나 해변 등의 갯가에 자라는 염생 식물이에요.

갯지렁이

바닷가의 암초 지대, 모래질, 진흙질 등에 사는 몸이 길고 마디마다 다리가 달린 환형동물이에요.

갯메꽃

갯메꽃은 바닷가에서
만날 수 있고 잎이
하트 모양이에요.

갯잔디

잔디와 생김새가 비슷하지만 밀물 때 잠기는 펄 갯벌, 모래 갯벌이 있는 해안가에 살아요.

갯강구

'바다바퀴벌레'라 불리는 해안의 청소부로, '강구'는 바퀴벌레의 경상도 사투리예요.

범부채

비슷한 이름 표범 | 육점박이범하늘소 | 암끝검은표범나비 | 범부전나비 | 꽃범의꼬리

우리나라에서 가장 사나운 맹수 하면 호랑이와 표범을 떠올려요. 두 야생 동물은 옛날에 모두 '범'이라 불렸어요. 표범의 몸에는 동글동글한 점무늬가 많아요. 그래서 표범처럼 둥근 점무늬가 있는 생물의 이름에 '범'이 붙기도 해요. 꽃잎이 부채처럼 펼쳐지는 범부채 역시 꽃잎에 점무늬가 가득해요. 수많은 점무늬 때문에 범부채는 표범처럼 얼룩덜룩해 보인답니다.

표범

숲속의 맹수로 '돈범', '토피', '불범', '퇴범', '퇴피' 등 다양한 이름으로 불렸어요.

꽃범의꼬리

다닥다닥 줄지어 피는 분홍색 꽃이 꼬리를 흔드는 범 꼬리와 닮았어요.

범부채

육점박이범하늘소

딱지날개에 있는 6개의 둥근 점무늬가 표범의 점무늬처럼 보여요.

범부전나비

날개에 있는 세로줄 무늬가 범의 줄무늬를 닮은 귀엽고 작은 나비로, 땅에 잘 내려앉아요.

암끝검은표범나비

날개에 있는 얼룩덜룩한 여러 개의 검은색 점무늬가 표범 무늬와 비슷해요.

붉은토끼풀

비슷한 이름 붉은산꽃하늘소 | 붉은꼬마꼭지나방 | 붉은잡초노린재 | 붉은등침노린재 | 붉은귀거북

익은 고추의 빛깔처럼 빨갛게 보일 때 '붉다'고 해요. 몸에 붉은 빛깔이 도는 생물의 이름에는 '붉은'이 붙어 있어요. 붉은토끼풀은 외국에서 들어와 살고 있는 귀화 식물이며, 흰색 꽃이 피는 토끼풀과는 달리 붉은 색깔의 꽃이 피어요. 토끼풀처럼 기는줄기로 번식하지 않고 땅속줄기로 번식해서 다져진 땅과 진흙땅에는 못 살아요. 토끼는 물론 소, 염소, 민달팽이도 좋아하는 먹이에요.

붉은산꽃하늘소
꽃을 찾아 날아오는 꽃하늘소 중에서 몸 전체가 붉은 빛깔을 띠고 있어요.

붉은귀거북
생태계에 피해를 주고 있는 외래종 거북으로 눈 뒷부분에 빨간색 줄이 있어요.

붉은토끼풀

붉은등침노린재
등 쪽이 붉은 빛깔을 띠며 다른 곤충을 찔러 체액을 빨아 먹는 육식성 노린재예요.

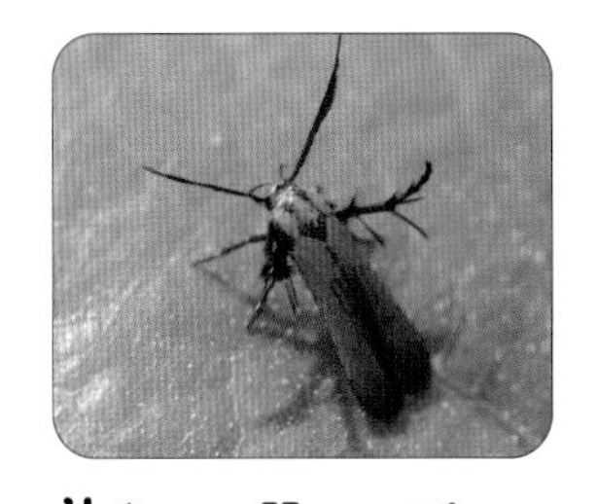

붉은꼬마꼭지나방
앞날개 전체가 붉은 빛깔을 띠는 나방이에요. 풀잎에 앉아 활동하는 주행성 나방이에요.

붉은잡초노린재
몸이 적갈색을 띠는 잡초노린재로 벼과, 국화과 식물 등에 모여 풀즙을 빨아 먹어요.

글·사진 한영식

지구에서 가장 다양한 곤충의 세상에 매료되어 곤충을 탐사하고 연구하는 곤충연구가로 현재 곤충생태교육연구소 〈한숲〉 대표로 활동하고 있습니다. 숲해설가 및 생태 안내자 양성 과정, 자연학교 등에서 이론 교육과 현장 교육을 진행하고 있습니다.

지은 책으로는《어린이 곤충 비교 도감》,《엉뚱한 공선생과 자연탐사반》,《봄여름가을겨울 곤충도감》,《봄여름가을겨울 숲속생물도감》,《봄여름가을겨울 바닷가생물도감》,《봄여름가을겨울 숲 유치원》,《곤충 학습 도감》,《곤충 쉽게 찾기》,《곤충 검색 도감》,《생태 환경 이야기》,《베짱이는 게으름뱅이가 아니야!》,《우리와 함께 살아가는 곤충 이야기》,《파브르와 한영식의 곤충 이야기》,《곤충 없이는 못 살아》 등이 있습니다.

곤충생태교육연구소 〈한숲〉 : cafe.daum.net/edu-insect

그림 류은형

서울과학기술대학교 조형예술학과를 졸업하였으며 교과서, 동화책, 학습지 등의 다양한 분야에서 왕성한 활동을 하고 있습니다. 아이들의 감성을 자극하는 아기자기하고 예쁜 그림들을 선보이고 있습니다.

그린 책으로《어린이 식물 비교 도감》,《어린이 물고기 비교 도감》,《엉뚱한 공선생과 자연탐사반》,《직업 스티커 도감》,《세계 국기 스티커 도감》,《처음 만나는 사자소학》,《처음 만나는 명심보감》 등이 있습니다.

어린이 동식물 이름 비교 도감

1쇄 – 2018년 5월 15일
3쇄 – 2021년 10월 10일
글·사진 – 한영식
그림 – 류은형
발행인 – 허진
발행처 – 진선출판사(주)
편집 – 김경미, 이미선, 권지은, 최윤선, 구연화
디자인 – 고은정, 김은희
총무·마케팅 – 유재수, 나미영, 김수연, 허인화
주소 – 서울시 종로구 삼일대로 457 (경운동 88번지) 수운회관 15층
전화 (02)720-5990 팩스 (02)739-2129
홈페이지 www.jinsun.co.kr
등록 – 1975년 9월 3일 10-92

※ 책값은 뒤표지에 있습니다.

ISBN 978-89-7221-563-9 64400
ISBN 978-89-7221-826-5 (세트)

진선 아이는 진선출판사의 어린이책 브랜드입니다.
마음과 생각을 키워 주는 책으로 어린이들의 건강한 성장을 돕겠습니다.